前期设计
实践建筑策划的 11 个条件

[日本]小野田泰明　著

蒋美乔　林与欣　译

江苏凤凰科学技术出版社 · 南京

本书为五南图书出版股份有限公司授权天津凤凰空间文化传媒
有限公司在中国大陆出版发行简体字版本。

江苏省版权局著作权合同登记 图字：10-2021-71

图书在版编目（CIP）数据

　　前期设计：实践建筑策划的11个条件 ／（日）小野
田泰明著；蒋美乔，林与欣译. —— 南京：江苏凤凰科
学技术出版社，2022.1
　　ISBN 978-7-5713-2043-0

　　Ⅰ．①前… Ⅱ．①小… ②蒋… ③林… Ⅲ．①建筑设
计－研究 Ⅳ．①TU2

　　中国版本图书馆CIP数据核字(2021)第140934号

前期设计　实践建筑策划的11个条件

著　　　者	[日本]小野田泰明
译　　　者	蒋美乔　林与欣
项 目 策 划	凤凰空间／陈　景
责 任 编 辑	刘屹立　赵　研
特 约 编 辑	李雁超

出 版 发 行	江苏凤凰科学技术出版社
出版社地址	南京市湖南路1号A楼，邮编：210009
出版社网址	http://www.pspress.cn
总 经 销	天津凤凰空间文化传媒有限公司
总经销网址	http://www.ifengspace.cn
印　　　刷	河北京平诚乾印刷有限公司

开　　　本	710 mm×1000 mm　1／16
印　　　张	10
字　　　数	160 000
版　　　次	2022年1月第1版
印　　　次	2022年1月第1次印刷

标 准 书 号	ISBN 978-7-5713-2043-0
定　　　价	58.00元

推荐序

建筑策划家小野田泰明与其不设限的胸怀

我想我应该是 2011 年 5 月在厦门参加研讨会的时候第一次见到小野田先生。那是一个和许多日本学者讨论民居的研讨会，他就坐在我的旁边。当时我对建筑策划已经在日本重要建筑中扮演的同步创新角色的情况并不熟悉，但是当看到投射在屏幕上的小野田先生的思路时，我竟然有一种熟悉的感觉。

当时日本东北大地震刚发生没多久。小野田泰明、伊东丰雄、远藤新等几位重建指挥者，不只苦恼于该如何在有限的时间内，不折不扣地重建被大自然的威力摧毁的环境，还要有效地去协调自然和土木工程，建立居民和专家的互信，把重建修补工作发展成能满足地方真正需求的事业。

在这些地方经营需要放开想象以面对各种有意无意的阻碍。在案例交流中，我们田中央（田中央联合建筑师事务所，以下简称"田中央"）多年的工作心得似乎颇得小野田先生的注意。在后来几天的传统村落现场勘查中，小野田先生常常来找我聊天，我发现他对构造和行政关系细腻的观察是不受地区限制的。他是真正对设计局限有丰富实践经验的思考者，是想从现实中找到突破口的未来建筑师。

因为他必须马上返回日本，所以我们只简单地说了句"期望未来在某处相会"，就分开各自回家各自奋斗了。

不久之后，有一天王俊雄教授告诉我，在日本仙台举行多年的日本毕业设计比赛"日本一决定战"[1]想要在亚洲找寻互动的伙伴，还问我罗东文化工场来不

---

1 即"卒業設計日本一決定戦"，是日本规模最大的毕业设计竞赛之一。——编者注

来得及盖到可用的程度。我隐约知道日本这个跨领域跨世代，甚至娱乐界都能参与的活动，它成功证明仙台媒体中心可以让大众因为空间的解放，发现更多生活新可能，让整个城市为之鼓舞！而起心动念协助伊东建筑师一起开发出软硬件紧密同步规划的人原来就是上次遇到的小野田泰明，以及老朋友阿部仁史。

不久小野田泰明就带着日本学生来罗东大棚架下参加台湾首届毕业设计大评图（截至 2018 年已连续举办六年，迈进第七届），在每届评图时，我都见识到他对青年学生严厉的高标准要求。而在宜兰停留的空档，更不吝热情地进出我们事务所，面对新模型挑战一个又一个当下进行中方案的可能营运未来。

多年来，常常有人同情田中央为了让想象中宜兰该有的空间形式浮现，不断地研究组合甚至创造各种不同的支持条件，虽然很辛苦，但其实那也是一段愉快的成长陪伴过程。面对任何文化下都逃避不了的现实，小野田先生反倒成了我久违的知音。

有时候我们也会一起走访田中央二十年来大大小小的环境改造，对于宜兰的山水，小野田先生有非常多温柔的提醒。后来还组织了跨地区跨校工作营，借鉴日本水利专家关于宜兰的水能不能发展成永续能源的研讨……

我看见一个理性、没有成见、踏实研究、善良、忘掉自己、冷静、令人信任，可以作为别人心灵明镜的人。事实上，2013 年的夏天，Gallery MA 的执行长远藤信行先生来访宜兰时，手上拿的两页 A4 的纸，内容好像就是小野田先生描写宜兰的文章。

小野田先生的影响就这样散布于世界的各个角落，为数众多，因为要和评论家、使用者、设计者、营运者结合为一体，所以要个别抽出来讨论是很困难的。这些努力都活用了当地原有的力量，很难判断出哪些是环境的力量，哪些又属于小野田先生思考的产物。话说回来，也许像这样将建筑策划师隐藏起来的方式才是他所期望的。

这几年小野田先生常来台湾，通过参与学术、企业的项目，对台湾一定有更深更宽广的期待。感谢本书流畅的中文翻译，从设计爱好者的角度，精准展开空间形成的本质，再以第一手创造性的生涯为例，鼓励青年开放探索自己对世界可能的贡献方式，提醒各位就算有好的工具也要小心不要被工具利用，人与人的联系才是真正的目标。

虽然对小野田泰明先生有了初步的认识，但仍有许多谜团。他的多方参与及经由各种不同尺度的尝试所积累起来的信念，影响的广泛程度着实令人无法想象。不，应该说对世界对改善环境不设限的爱，才是他真正想传达的。

在郊区、在城市、在不同地区同样努力寻找共存方式，不轻易妥协，无疑是给了那些把研究当作借口的俗套策划一记当头棒喝。小野田先生，在"建筑策划是不是可以通过善意的感染，协助公共空间持续成为人类思想自由的心理基础"这项提问上，迈出了一大步。

了解真实，追求自由，所有的相遇，都是久别重逢。

建筑师　黄声远

致读者的话

对即将升大四 21 岁的我来说，建筑是一件无从掌握的恐怖事情。正烦恼着未来时，我突然冒出一个念头，如果去纽约，会有什么可能性？于是我用各种方法，以实习身份潜入纽约的建筑设计事务所。早起上班，下班后就在纽约图书馆里拼命地读书。但大多数时候不尽如人意，我体会到在不同文化里生存的困难。不过也因为建筑工作的丰富性开拓了我的视野，恐惧感也在不知不觉中消失了。

之后，我回到毕业的大学任教，正如书里所提到的，我参与了几项建筑案。其中，仙台媒体中心（SMT）是一项艰巨的方案，它不单纯是盖出建筑物，还需要显示出它的使用方法。为此，我与建筑师阿部仁史先生一起构想了一个将建筑系学生的毕业设计收集在一起并进行讨论的活动，即"日本一决定战"（始于2003 年）。这个活动的新颖性使其不只在日本，在其他地区也被大量关注。2012 年，台湾宜兰举办了大评图，收集了许多的毕业设计，王俊雄老师是这个活动的策划人。王老师与我处于同一时代，和他相遇之时令我非常惊讶，我们不仅工作类似，而且几乎同时期在美国东海岸学习建筑，并且都因这个相似的经历，励志要以建筑人而生。

我们在建筑的世界里迷惘，又在纽约周边尝尽辛酸，然后重头再学建筑；两人都在以亚洲季风为典型气候的地区出生，如今终于通过建筑教育相遇了。现在仍清晰地记得我们初次深入交谈时涌现的那不可思议感觉，仿佛遇见了多年前擦肩而过的另一个自己。

因为这样的缘分，当王俊雄老师提出出版《前期设计 实践建筑策划的 11 个条件》一书的中文版的想法时，我立即赞成。我觉得这本书经由王老师之手，以中文的形式开始另一段生命是一件非常有趣的事情。本书的日文版由伊东丰雄先生帮忙写了推荐语，还获得了日本建筑学会著作奖，在日本获得了正面评价。或许是因为本书的内容是市面上少见的关于"建筑策划师"的，因此翻译难度很大。尽管面临这些难题，但在兼具设计及文字才华，且富有好奇心的两位台湾女性——蒋美乔和林与欣的帮助之下，克服了这些困难。决定建筑质量的并不只是建筑师或施工者，还有使用者、运营者及业主。建筑策划师有机会参与其中，成为这些人之间的节点，而建筑和空间相关的研究是建筑策划师最有力的武器。本书若能让大家对这个不太为人所知的建筑策划的世界有所了解，通过建筑而丰富社会，将是非常荣幸之佳事。

小野田泰明

2017 年 8 月 6 日

目录

绪论

我的工作是"建筑策划师"这个鲜少耳闻的职业，工作内容是在建筑设计的基础阶段进行设计。我的角色是整理设计之前的资料：和业主详细地协调沟通制作设施的面积配比与功能图解（Diagram）（图 0-1），有时会从设计者的选定开始到空间设计及营运条件的设定一路负责到底。然而，因为大家都不熟悉这样的工作，所以即使经过多次说明也不太能了解。不过我发现，若拿与建筑设计有许多共同点的电影制作作类比，就容易理解这个工作性质了，也就是建筑师即电影导演，建筑策划师即编剧。

电影导演需要统筹摄影、音响、灯光、服装等各方面专家，是一个统领大家向一个目标努力的角色。这和建筑师管理不同职责的人们而建造出一座建筑的过程相当接近。另一方面，电影编剧的任务是在混沌的社会之中感知，抽取出适合的题材，并将其转换成情节，以时间为主线进行整理，再加工成故事（剧本）。换言之，以上这些都是确保成果质量的行为。编剧的工作包括：①作为媒介者，联系社会与作品，从中抽取出适合的题材并将其加工成有一定情节的故事；②整理设计需要的各方面资料；③在设计里植入时间元素。由此可见其和建筑策划师的工作很相似。

这两者都具有联结作品与社会的前期设计人员（pre-designer）的特质，但也存在几点相异之处，例如编剧是把登场人物置入故事中的特定时间里，建筑策划师是将使用者（登场人物）设定在可自由活动的空间中。前者是以想象空间来确定时间，后者是用想象时间来确定空间。

因此，建筑策划师的主要工作是建构人与空间的关系。但这里有另一个问题，空间不像建筑物般轮廓清晰，无法直接进行操作，且空间不具有形状，也不能以感觉判断优劣，这是很困难又麻烦的。

若很难凭直觉判断，我们该如何寻找前期设计的根据呢？可以直接调查空间的实际使用状况，再作回馈，这是现在准确度最高的方法。也就是说，因为并未明确规定建筑策划师的专业职能，于是建筑策划师不得不兼任建筑实务策划者及研究者，他们也就不得不在教育研究机关领取薪酬。除了这令人感到无奈的理由之外，事实上在判断前期设计时，对空间的实际使用方式与相关理论有所了解是必要的，因为这两者存在密切的关系。

然而近十几年来，这样的情况也有了变化。社会要求多样化、高度化，以及风险概念的普及化，要求从业者即便是学者，也要在实务上具备足够的熟练度。而且在研究领域上，除了要求专业水平更高、更加成熟之外，还要提升专注度，以致降低了两者共存的机会，似乎也使得该领域的优秀人才有一定程度的减少。希望读者通过本书，能对建筑策划实践的意义进行试问与探讨。

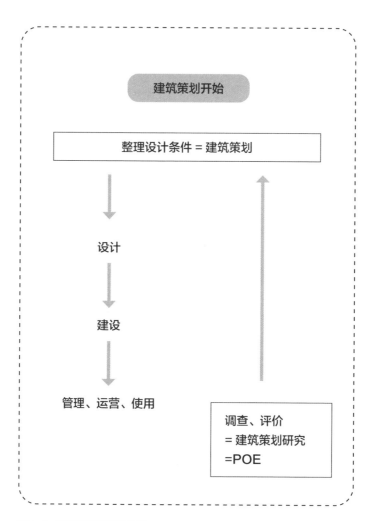

图 0-1 建筑策划师的定位

通过整理笔者至今参与的方案，归纳出三种不同职务的组合方式（表 0-1）：

①建筑师雇用策划者担任顾问，查看平面构成及使用方式。

②业主直接雇用策划者，以规划事业与架构。

③策划者和建筑师共同担任设计者，一起进行实际的建筑设计。

谈到建筑策划师，脑海中最可能浮现出的①中顾问，如同电影编剧以编剧兼导演的身份来修改剧本，但这并非是前期设计人员的真正含义。本来最理想的职务方式是②，但是社会上并未对此有充分认知，所以这样的要求非常少。③是许多着手前期设计（pre-design）的方式，这也需要策划者和建筑师共同接受，一起面对建筑形式的责任。接下来，在本书中将会提及建筑实际上包括空间整体及相关的各种事项，如材料、面积、营运等，在这种事事都必须考虑的复杂情况下，很难有余力关注建筑策划。因此，建筑策划确实是一条非常艰辛的路。

表 0-1 建筑策划师的 3 种职务

职务组合方式	参与项目
①顾问（Consultant） 建筑师雇用策划者担任顾问，查看平面构成及使用方式。 	•1993—1997 年　名取市文化会馆 设计：槙文彦，槙综合计划事务所 策划顾问：小野田泰明 •2002—2007 年　横须贺美术馆 设计：山本理显，山本理显设计工场 策划顾问：小野田泰明
②策划者（Planner） 业主直接雇用策划者，以规划事业与架构。 	•1994—2001 年　仙台媒体中心 设计：伊东丰雄，伊东丰雄建筑设计事务所 协调（Coordinate）：日本东北大学建筑计划研究室（小野田泰明、菅野实、福士让） •2006—2009 年　流山市立小山小学校 设计：佐藤综合设计 协调（Coordinate）：小野田泰明 •2008—2011 年　日本东北大学工学研究科中心广场 设计：山本·堀 Architects 协调（Coordinate）：小野田泰明，本江正茂，佐藤芳治
③共同设计者 策划者和建筑师共同担任设计者，一起进行实际的建筑设计。 	•1993—1996 年　丘之家 ——仙台基督教育儿养护设施 设计：针生承一，针生承一建筑研究所，日本东北大学建筑计划研究室 策划：日本东北大学建筑计划研究室（菅野实、小野田泰明、濑户信太郎） •2000—2002 年　仙台演剧工房 10box 设计：八重樫直人，Normnull office，日本东北大学建筑计划研究室 策划：日本东北大学建筑计划研究室（小野田泰明、坂口大洋、菅野实） •2001—2004 年　S 市营 A 住宅 设计：阿部仁史，小野田泰明，阿部仁史工作室 策划：日本东北大学建筑计划研究室（小野田泰明、菅野实、堀口彻、有本优史郎） •2006—2008 年　日本东北大学百周年纪念会馆 设计：阿部仁史，小野田泰明，阿部仁史工作室 策划：小野田泰明 剧场顾问：坂口大洋
	•2000—2002 年　苓北町民会馆（熊本 Artpolis：63） 设计：阿部仁史，小野田泰明，阿部仁史工作室 •2001—2002 年　S 公司总部大楼计划 设计：阿部仁史，本江正茂，小野田泰明，千叶学，曾我部昌史 •2003—2008 年　伊那市立伊那东小学校 设计：橘子组，小野田泰明

由此看出，很难凭直觉理解建筑策划师这个职业。于是在从事建筑策划时，我先从重要的事情开始，仔细考虑后记述以下 11 个条件：

1. 空间是以人的行为来展开的。

2. 人的行为和空间是互相渗透的。

3. 功能让空间缩减到可被操作的状态。

4. 图解与面积测算让功能得以固着在建筑上，是建筑策划的有效工具。

5. 图解很方便，但它只是个工具，我们不能被工具利用。

6. 空间无法自由操控人的行动。

7. 良好的空间可以增强人与人之间的联系，并成为社群的基础

8. 良好的空间背后存在着良好的运作及管理

9. 良好的空间是良好策划的结果

10. 良好的策划过程是以社会上垂直及水平的信任关系为支撑的

11. 良好的策划过程需具备稳固的专业能力，及其在社会机制中的定位

1、2 是空间的概念，3、4、5 是空间概念的操作，6、7 是空间的功效及极限，8 是营运，9、10 是过程，11 是专业能力。

接下来将依据这些章节来概观建筑策划师的工作。

第一章
空间以人的行为展开

空间

场所与空间

空间的产生

与建筑的关联性

空间

关于空间，从很久之前亚里士多德（Aristotle，前 384—前 322）的年代开始，大家在哲学、物理学、数学、社会学、建筑学、都市学等各种领域不断讨论。若全部收集这些需耗费庞大劳力，也需要有统括这些专业的才能，对笔者来说无法着手切入。因此，这里将先从建筑策划相关的部分开始探讨。

说到底，没有空间，人是无法生存的。无论是我们生活中粮食的获得，还是与他人之间关系的连结，都需通过空间这个媒介。提到"空间"这个词，浮现于大家脑海中的是，它作为人或事物的容器，但实际上，空间不单单是容器。

例如图 1-1 所示空间是家的内部空间，是房子的墙壁框起来的部分，人所处的地方与容器的空间是一致的。但在图 1-2 中，草地上长出了一棵树，当人被树荫吸引聚集在树下时，空间确实存在，却不一定有边界的限制。因此，空间实际上存在于与它关联的主体之中。它具有共通性，但是会随能掌握的内容不同而有所不同。像这样，空间若以具体的广度来界定，即可被测量的部分，此外，也有顺着各主体而活络起来的另一部分。这也是活跃于 17 世纪初的伟大哲学家勒内·笛卡尔（René Descartes）的想法。笛卡尔坐标系区分出物理空间与生活空间，这一理念是近代思想诞生的原动力，之后鲍勒诺夫（Otto Friedrich Bollnow）在《人与空间》（Mensch und Raum）里详细论述"对比"的大部分内容也定位于此。

笛卡尔的区分的确是明确的，但现在来看，他的整理方式颇为粗糙，也存在一些问题。所以后来的牛顿（Newton）等人把预测可能的空间归类在绝对空间里。另一方面，和牛顿激烈争论的德国知名物理学家及哲学家莱布尼茨（Gottfried Wilhelm Leibniz）将外形上能确定的方向补充至完整，以更复杂的方式深化空间议题。空间不能预先被定义成任何东西，因为它是从事（件）与事（情）之间的关系而产生的。就好比在什么都没有的宇宙中，要以星星或者物质的存

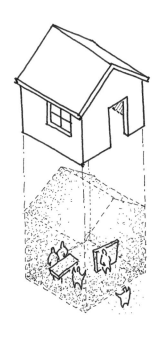

图 1-1 空间 A：家里面　　　　　图 1-2 空间 B：树的周围

在，才能开始阐明它的广度。他的看法不是以边界来界定空间，而是以物质之间的相互关系来界定。这会关联到量子力学等很深的学问，在此不深入讨论。但可以肯定的是，空间不只是静态的容器，显然空间与人的生活以及对象之间的配置有很深的关联性，空间存在着这样的动态概念。

由此看来，行为会赋予空间定义，即"行为→空间"关系的成立，并且"行为→空间"的关系是具有可逆性的。例如："workshop""forum"现在都是意指活动的词汇，但其实"workshop"的原意是中世纪的工坊，"forum"的原意是古希腊的广场。它们原本都是空间的名称，后来被用来表示在那个场所中进行的活动的名称。也就是说，经过长年累月，空间名称演变成行为（活动）的名称。这些例子表明"行为 ↔ 空间"的关系有时候是成立的。

场所与空间

关于空间，除了刚提到的鲍勒诺夫之外，诺伯格·舒尔茨（Christian Norberg-Schulz）、瑞尔夫（Edward Relph）等人也用各种方式解释空间。分类分得最仔细的是瑞尔夫的《地方感与无地方性》（*Place and Placelessness*），他将空间分成六类：实用的空间、知觉空间、实存空间、建筑或策划的空间、认知的空间和抽象的空间。

1. 实用的空间：日常生活中无意识发生活动的空间。

2. 知觉空间：每个人有知觉的状态下，以个人为中心，映入视觉的感知空间。

3. 实存空间：文化群组的组织成员在具体实践过程中，空间的内部结构明朗化，通过这个文化以既往的经验来理解的空间。

4. 建筑或策划的空间：为了产生新空间，将空间当作一个研究和改造的对象。

5. 认知的空间：作为考察对象的一种空间形态，几何学和地图中所指的空间，不同族群的人通过地图去认识其差异性。

6. 抽象的空间：理论性的空间，使用符号表述，是一种尺寸、数字上的空间。

这样整理明确而方便，但没有说明它们的相互关系是如何生成的，还是有点难理解。

另一方面，这些书中花了许多篇幅解释空间与场所的关系，因为在思考空间时，"场所"是一个必须提到的议题。这方面的重要理论家有因存在主义而广为人知的知名哲学家马丁·海德格尔（Martin Heidegger）。在海德格尔的哲学中，人生存的本质是迈向自己希望的存在（Dunamis），再投入自己（Entwurf）。

这时候对于一个领域而言，会赋予空间与场所重要的含义，所以他的言论对建筑理论的影响很深远，到目前其言论曾多次作为理论家和建筑师的参考。日本有数位论者的相关建筑理论也受到了海德格尔的影响，如增田友也等，其他国家还有如诺伯舒兹等知名人士。当然，在此深谈有些困难，建议各自学习，本书将稍稍涉及其中的一些重要想法。据说诺伯舒兹关于空间与场所关系的理论是以海德格尔的"空间是因场所而存在，而非空间本身"为基础，去定位"人对于场所的本质性关系，而人与空间的本质关系是居住"，场所与空间的区别为："场所"是以人的情感为起点，在这里创造的人的生存可能性即是"空间"。前面提到的瑞尔夫受到海德格尔影响，也有同样看法。"场所"是人经历过后而存在一定情感的实存物；"空间"是抽象性的，具有人可以对其抱有憧憬可能态的性质。然而，著有《经验透视中的空间与地方》（*Space and Place: The Perspective of Experience*）等广为人知的人文主义地理学者段义孚，对"空间"有另一种定义，他认为空间是通过人对其赋予含义后而成为"场所"的，不是"场所→空间"，而是"空间→场所"。虽然这些论述的顺序不同，但是"空间"是作为可能态的角色，加入人的生活、生存、生命，支撑着这些作为实体的"场所"，其实它们的箭头方向是双向的。

空间的产生

空间是人生存和生活的保证，人依空间而能生存，空间也依人的存在成立，人与空间是一种双向关系。通过前面的内容，可以了解到它的正确性。存在主义哲学面对的难题在这里也存在。对个人而言，即便空间是可能态的企投目标，但在主体为多数且混杂的现实社会上，空间并不容许被独占。让·保罗·萨特（Jean-Paul Charles Aymard Sartre）使用"目光"的比喻来说明他者性的问题，意即在现代社会中，我们活在一个不得不调整自身与他者，或与上位阶级之间关系的社会里，那么空间具有怎样开展的可能性呢？法国的思想家亨利·列斐伏尔（Henri Lefebvre）写的《空间的生产》（la production del' espace）里讨论了此事。列斐伏尔说，我们生存的空间不是一个纯粹的空间，而是一个掺入各种社会关系，犹如复杂纺织物般被构筑而成，并被市场与系统因素不断地抽象化、再构筑化的空间，我们必须理解它的物力论（Dynamism），他提出"空间的表象""表象的空间""空间的实践"三个概念下的动态架构。"空间的表象"是活用空间及各种资金，依规划方的意见建构出来的；"表象的空间"是人在无大事的日常生活里，依着自己本能生存而刻印在空间中的结果。这两者之间所产生的活动以及调停两者的活动，在这样的认知上成立的就是"空间的实践"。只有离开前两者的紧张关系，并在日常生活中累积"空间的实践"，才能在空间中构筑新的社会关系并且去感知它，也就是说，社会各种关系的空间化就是"空间的生产"。根据庞大的事项细致累积出来的这些论述，是我们理解空间社会意义的重要思想，例如熟悉社会与空间辩证法的爱德华·索杰（Edward Soja），或是分析时间压迫空间的大卫·哈维（David Harvey）等人，都为现代重要理论家之理论基础。

与建筑的关联性

接着让我们回到建筑设计领域。无论是密斯·凡德罗的"通用空间"（Universal Space），还是勒·柯布西耶的"多米诺系统"（Domino System），从现代主义早期的诸多迹象可以发现其追求并非是"形"，而是"空间"。对于近代建筑的探索，可以追溯到以"装饰即是罪恶"为名言的阿道夫·路斯（Adolf Loos），他探究的"空间设计"（Raumplan）是精细构成空间的方法论。但这样的现代建筑崛起后，却被罗伯特·文丘里（Robert Venturi）看出了这其中的矛盾，卖小鸭的纪念品店就建成小鸭的形状，即现代主义为了表现理念，而让设计陷入自相矛盾的状况。因此现代主义无法贯彻空间创造的理念，其原因前面讨论到，空间应依人的行为而逐步产生。对建筑师来说，会提到它却又无法追随它到最后，因为这之中包含了既困难又麻烦的工作。

当然，建筑师对这样依人的活动所编织出来的空间特征绝不是不在意的，例如勒·柯布西耶称之为"高贵的野人"的理想身体执拗地被画进自己创造的挑空空间里，勒·柯布西耶知道拥有高知性与强壮身体的主体运动会为空间赋予意义。原本是中性的空间，借由拳击选手的主体性具体地展开。这个倾向持续演进到现代建筑。伯纳德·屈米（Bernard Tschumi）提出有名的公式"建筑 ＝ 行为 × 空间"（Architecture=Event × Space），此重要的宣言表示建筑的意义已从形态转换到空间及在空间中发生的行为。现代的伊东丰雄、SANAA、库哈斯等建筑师在创造实际空间时都有这样的特质。

但从另一方面，可以发现在现代建筑之中对于开展空间的人物设定也有微妙的改变。近代建筑中，现代建筑师的创作志向并非以雕琢形态来制造明快空间，而是为了让人享受空间中的活动而给予空间含义，就像"包容微小的差异，而产生整体的连续空间"。如此一来，人就不需要拥有勒·柯布西耶描绘的抽象性，或是在虚空间中强烈突出的个性，反而设定被群体中可自由活动的柔软身体取代。特别值得一提的是，近期有许多设计者将社会关系空间化的方式作为对前述之列斐伏尔探讨的回应。例如 AMO 将市场与政治的力量作为设计的前提，还有 MVRDV 以数据景观（Datascape）当作一个建筑手法来实践建筑空间。

如此看来，在建筑界越来越明显的趋向不是将空间视为物理构造物，而是捕捉包含事件发生的动态状态，除了伊东丰雄或妹岛和世的作品外，日本建筑师之间也普遍而深刻地认同这个思想。例如《设计活动吧！》一书的著者小嶋一浩，在其作品集里以"行为学"（Behaviology）为题的犬吠工作室（Atelier Bow-Wow），许多建筑师对于空间的解释都明确具有这样的方向性。

图 1-3　勒·柯布西耶的素描：高贵的野人

至此，我们讨论了关于空间的概要，从这里可以模糊看出三个不同层次的交缠概念：

（1）笛卡尔提出的问题是，人与文化创出的空间和科学上测量的空间是可进行交换的对立关系，其中也包括存在主义提出的问题，深层关联到列斐伏尔提示的空间生产的领域。

（2）莱布尼茨所陈述的关系和牛顿不同，他认为空间无限并没有框架，而宇宙的广度与空间需要以其中物质的坐标相对关系来探求，因而与数学有较高相关性，原广司等人的建筑理论也是相同立场，是空间原论的领域。

（3）通过人的意识所产生的世界，以及在实际社会上的关系中存在着的广阔领域。建筑设计的任务与空间的想象或创造活动是无法切离的。

这三个层次和理论家正木俊之整理的空间论相似。他将关于空间的议论分为生存的空间与测量空间、物质的布置与空间、空间意识与实际空间。从这三个方向来思考，前述的（1）（3）与正木俊之的一致，但在论述空间时，若只着重就空间特性进行分类会无法将事情看清楚，我们必须对不同维度空间进行多层次思考。

如此可以了解到，做建筑不只是一个根据自身意念"形"的构成或只是整理"物"的配置，例如前述（3），还关联到空间的广阔与其编织出的人的活动，例如前述（1），以及探讨空间的原理，例如前述（2）。那么空间与人的活动有哪些直接的关系呢？对空间的兴趣会转移到更深的下一个阶段。

第二章

人的行为和空间状况是互相渗透的

关于人与空间的研究

人类气象图的内涵

什么决定人的行为？

关于人与空间的研究

若空间确实是由人的活动编织出的，那么，人在实际中究竟是如何活动和创造空间的呢？不只是建筑师，许多科学家也都思考过这个问题，这是思考空间时无法避免的议题，也是众人"出师未捷身先死"的困难领域。面对这个困难课题，依赖前人的智慧仍是最快的方法。首先，我们来看以空间认知为中心领域的诸项优秀研究。

此领域中，具代表性的研究成果之一为爱德华·霍尔（Edward T. Hall）的《隐藏的维度》。他通过观察动物的势力范围、地盘行为及动物群集的状态，提出动物行为学的空间关系学（Proxemics）。此学说研究人与人在何种距离下会采取何种行为，并将其进行简单明了的类型化分析。不可否认，此研究稍微有点急躁，但其研究基础来自细致的观察，整理得非常清晰，可以从中了解很多内容。

在这个年代，世界上开始广泛接受文化人类学与构造主义哲学，对于人的行为及行为的文化背景有许多良好的探索。社会学理论家欧文·戈夫曼（Erving Goffman）的《公共场所的行为》整合了人类的群集问题；罗杰·巴克（Roger Barker）揭示了人的行为在常规化下概括的行为设定论；菲利普·提尔（Philip Thiel）等人则深化了人的移动与视觉的记述方法等内容的研究。阿摩丝·拉普卜特（Amos Rapoport）在这一连串概观上发挥的作用极为重要，他详细研究过去关于人的行为与环境关系的研究成果，提出了环境行为学（Environment-Behaviors Studies，EBS）。他的研究横跨认知学、社会学、都市建筑学等，对各领域都有一定影响。另外，克莱尔·库伯·马库斯（Clare Cooper Marcus）细心地解说公共空间与人的行为以及它们的实际关系，其一系列实践性工作的研究成果在现代也具有一定的价值。

因此开始产生了以行为、空间、文化三者间的关系为核心的众多研究。认知科学等独立领域的研究也在此时向前迈进，詹姆斯·吉布森（James J. Gibson）提出的环境赋使论（Affordance）对这个领域有极大的影响。现以容易理解的方式总结如下：传统"感官从环境里接收刺激，经大脑处理之后传达至肌肉的一连串反应"之构想，应不同于以刺激（Stimulate）、反应（Reaction）、行为（S-R 行为）的方法来说明人与环境的关系。也就是说，通常我们看见的，人从视觉上获得的信息并非来自外部各个"物"的个体，而实际上是因为"物"被环境光包围才人获得了信息；换言之，这个理论的出发点是，由于光反射或光被物体表面吸收之后再投射在视网膜上形成的影像，光照射在物的转角边缘，此时借由人一边移动一边观看，而得知这个物体，这即是我们初次可以理解到的物的形状（图 2-1）。这样的认知会在人与光所包围的面的关系中不断地被调整，动态地相互影响着。这个蕴含着丰富启发的见解，在日本也因佐佐木正人优秀著作的介绍而广为人知。

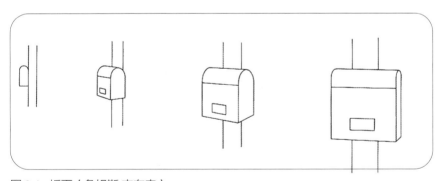

图 2-1　折面（詹姆斯·吉布森）

关于空间与人的关系，日本建筑相关从业人员之间也展开了独特的研究。例如原广司及藤井明调查世界各地聚落的珍贵经验，使用"活动等高线"的方法来记述场所的特性；在此特别值得提到的是以渡边仁史为中心的团队所进行的"群众流动研究"。另外，也不能不提到大野隆造和舟桥国男等人的研究成果，联结了日本与海外。这些研究成果现在都是相当珍贵的，当然其他优秀的研究也在持续累积着。

像这样，空间认知是非常广阔的领域，若从正面踏入，可能会不小心迷失在其中。因此，在本书中，请依据笔者在"仙台媒体中心"一案中执行的"人类气象图"来进行思考吧。

人类气象图的内涵

日常生活中，我们可以在个别场所以身体感受到风的强烈、雨的降落，但对于掌握整体天气的倾向是困难的，充其量只能试着猜测云的动向。然而我们可以借由地图而对地形有结构性的了解；同理我们也可以画出场所的气压与风向等气象图，如此则更容易把握场所的潜在可能。"人类气象图"就是将人在一个场所里的速度、停留等行为的概率，通过人在建筑空间里随机性活动的可能性进行整体诠释。"人类气象图"并非直接描述空间本身，而是通过捕捉人在空间中的活动来描述空间个性（图 2-2）。

具体来说，就是利用摄影机记录下人的活动，再从中提取出向量数据，并让这些流动的向量在平面上层叠堆积。人在空间里行走的平均速度以不同颜色表示于平面图上，加上显示累积停留人数的直方图（Histogram），再从图形的组合来表现空间的潜在可能，这就是"人类气象图"的含义（参考第 32~34 页"人类气象图的制作方法"）。

实际测定场所为三个设施，分别为：①由伊东丰雄设计，移除墙面的著名空间"仙台媒体中心"。②山本理显设计的"公立函馆未来大学"，和前者同样是连续性空间。③为了对照以上两个方案，由房间与走廊空间组合的"常规型

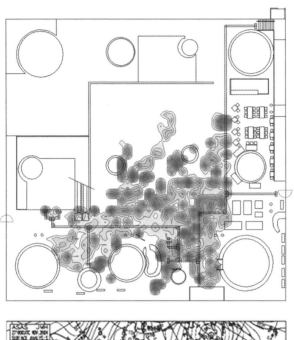

人流的分布

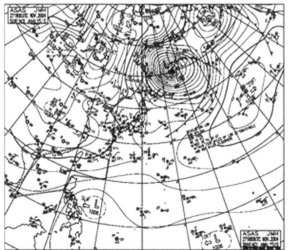

气象图

图 2-2　"人类气象图"

空间（T 大学综合研究大楼）"（表 2-1）。

　　常规型的空间之中，理所当然地，人们在走廊时移动迅速，在靠近房间附近时减速至停留。空间种类与行为明确地相互对应，整体来看，人们也是以快速动作而活动着（图 2-3）。与其对照的是，由建筑师经手的连续空间（仙台媒体中心、公立函馆未来大学），人的移动整体上是缓慢的，且其停留和移动混合在一起。公立函馆未来大学的家具被配置在整个空间的各处，家具的配置毋庸置疑地会支配在场人们的行为，受欢迎的人周遭常会出现人停留的状况；相反的，不受欢迎的人周遭，人们会直接经过，有点像是马赛克一样，空间性质被家具与在场者的行为细碎地切换（图 2-4）。

同样是连续空间的仙台媒体中心，这里的家具配置因受到局限而通过管状柱和缓地分隔空间，对人的低速移动与停留时间的增加造成细微影响。平均的流动分布好似高尔夫球场的地表起伏且坡度微幅推移。此处的特征与家具或人无关，而是因为有几处的平均移动速度缓慢，如停顿点般散布在空间之中（图 2-5）。

（1）将录制的影片转换成每秒一张的连续画面，并以电脑读取。
（2）从时间点 t 的影像（①）之中，摄取出背景影像（没有人的影像）（②），再抽出人物（③）。此时设定阈值，并从简化的影像中去除杂物（Noise）。

①时间点 t 的影像

②背景影像

③简化后的影像

（3）在影像中，求出簇群在 *x-y* 坐标的位置（简化后影像中的白色部分）。簇群位置是位于垂直方向的消失点和通过簇群中点的立足点（④）。

（4）以影像中两个消失点（VP1，VP2），转换成实际空间中的 *x-y* 坐标（⑤）。并从相机的距离和簇群的大小关系之中，筛选出简化后剩下的杂物及人物。

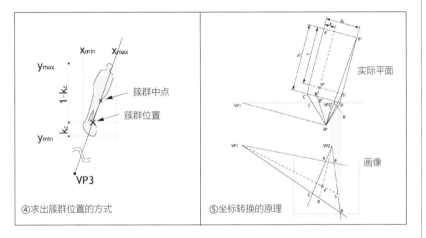

④求出簇群位置的方式　　　　　　　　⑤坐标转换的原理

（5）连续的两个静止画面之中，阈值来自位置信息中的变化量及色彩的变化量，对同一对象进行确认，从他的动作得出变化量，得到每一秒的速度、方向、速度向量的数值。

（6）对各分析时段所有摄像机的影片，以（1）~（5）的步骤进行处理，可以得到整体楼层中某时段的人的动作，从而得到速度向量的分布（⑥）。

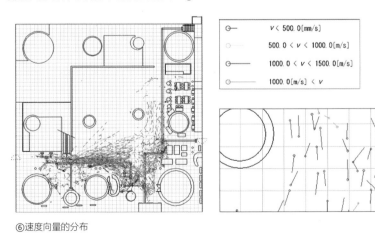

$v < 500.0$[mm/s]

$500.0 < v < 1000.0$[m/s]

$1000.0 < v < 1500.0$[m/s]

1000.0[m/s]$ < v$

⑥速度向量的分布

（7）计算平均速度的数值：在每一方格下使速度的数值平均化。

*Grid Convergence 转换成场所数据。将需要分析的楼层分割成边长为 1000 mm 的方格，根据方格包含的速度向量算出方格的场所数据。考虑到研究对象的楼层面积大小，适合应用在人类气象图的方格最大为 2000 mm。但是成人的步行速度是 2000 mm/s 以下，若将方格边长设定为 2000 mm，那么同一方格内会包含同一个人物的动作太多。于是先尝试将方格边长定为 1000 mm 及 500 mm，但使用 500 mm 时，方格比人的步行速度小。因此放弃 500 mm，最终采用 1000 mm 的尺寸。

（8）加入周围的数据，实施于 8 个邻近区域。

（9）考量数据的可信度，速度数值 ±10% 不予记述。

（10）因为需详细描述低速度（尤其是 700 mm/s 以下），处理对象变换之后描绘动作分布图（⑦）。

（11）加算停留人数，舍去细微的对流，制作成停留分布图（⑧）。

（12）汇整⑦、⑧，制作人类气象图（⑨）。

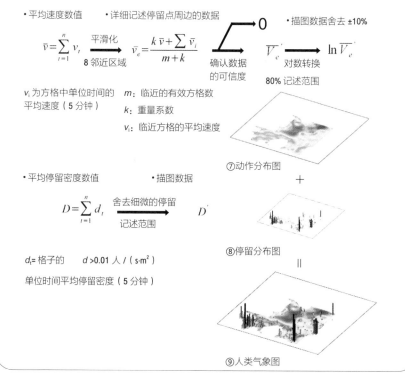

・平均速度数值　　・详细记述停留点周边的数据　　　　　　　　・描图数据舍去 ±10%

$$\bar{v} = \sum_{t=1}^{n} v_t \xrightarrow[\text{8 邻近区域}]{\text{平滑化}} \bar{v}_e = \frac{k\,\bar{v} + \sum \bar{v}_l}{m+k} \xrightarrow[\text{确认数据的可信度}]{} \overline{V_e} \xrightarrow[\text{80% 记述范围}]{\text{对数转换}} \ln \overline{V_e}$$

v_t 为方格中单位时间的　　m：临近的有效方格数
平均速度（5 分钟）　　　　k：重量系数
　　　　　　　　　　　　　v_l：临近方格的平均速度

⑦动作分布图

$+$

・平均停留密度数值　　　・描图数据

$$D = \sum_{t=1}^{n} d_t \xrightarrow[\text{记述范围}]{\text{舍去细微的停留}} D'$$

d_t = 格子的　　　$d > 0.01$ 人 /（s·m²）

单位时间平均停留密度（5 分钟）

⑧停留分布图

$=$

⑨人类气象图

人类气象图的制作方法（制作：小野寺望、滨田勇树、西田浩二、氏原茂将等）

表 2-1 人类气象图的调查对象

设施名称	仙台媒体中心 （SMT）	公立函馆未来大学 （FUN）	T 大学综合研究大楼 （TRC）
外观			
主要用途	终生学习设施 （图书馆等）	教育、研究设施 （信息系）	研究、实验设施 （工学系）
规模	约 21 682 ㎡ 地下 2 层、地上 7 层	约 26 800 ㎡ 地上 5 层	约 22 000 ㎡ 地下 1 层、地上 14 层
设计者	伊东丰雄建筑设计事务所	山本理显设计工场	T 大学设施部
概念	管状柱和楼板构成暧昧界线的开放空间。不明确地规定空间的功能，试图成为让人自行发现场所及行为的空间	使用预制混凝土架构，是视觉认知性高的开放空间。名为 studio 的楼层，没有限制其功能，可对应变革新型学习课程的创造性活动	各楼层基本皆为中间走廊型。使用钢管混凝土结构。在此进行各领域的研究活动，功能性地配置研究室及实验室等空间
调查进行时间	2001 年 10 月 2 日—20 日 （其中 9 日）	2003 年 7 月 16 日—18 日	2005 年 10 月 25 日—26 日
调查范围 灰色部分为摄影范围 （同比例）			
调查日及时间的状况	2001 年 10 月 6 日（星期六） 14:30—15:30（60 分钟） 开放广场是没有举办活动的稳定状态。因为是星期六，人较平日多。行为大多为从入口往电梯及电扶梯的穿越，也有利用咖啡厅及商店的 	2003 年 7 月 16 日（星期三） 14:50—16:05（75 分钟） 此时为项目学习的时间，一楼的简报空间正进行发表活动，有些人在工作室进行个人的工作，是各自聚合分散地展开活动 	2005 年 10 月 26 日（星期三） 11:30—12:45（75 分钟） 上课时段在教室，下课后可以观察到学生离开教室的状况。午休时间学生欲前往餐厅或户外，因此在大厅及入口附近多为穿越行为

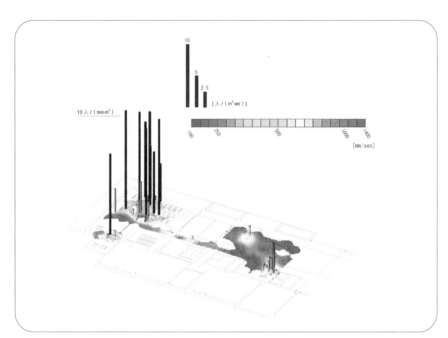

图 2-3　常规型空间（T 大学综合研究大楼）的人类气象图

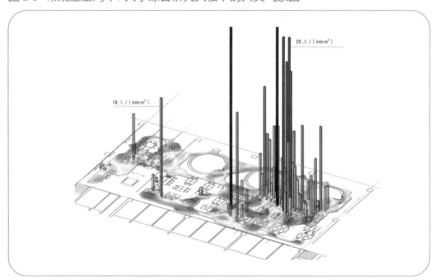

图 2-4　公立函馆未来大学的人类气象图

什么决定人的行为?

常规型的空间之中，因为大部分使用者有上课或去某个空间做研究的明确目标，较易理解其移动快慢清晰的状态。仙台媒体中心里虽然也有终身学习设施，行为大多也有明确的目的，但为何整体上会形成缓慢移动，且在局部产生慢速沉淀的状态呢？说明现实中的原因是很复杂的。一方面，人的行为不是从环境里受到刺激后随即引起反应的单纯动作，若在某场所里一出现特定行为就立刻在空间中探求发生的原因，则显得过于急躁。另一方面，可以想象只要出现稳定并在空间中沉淀的行为，就代表人与空间之间存在某种关系性的状态。人的行为有可能受到对这个定点空间看法的影响，也有可能会受到这个空间在整体中定位的影响，但这很难说得清楚。

仙台媒体中心设计时，并不一定积极采用了环境赋使论（Affordance），但其空间移动经验的顺序首先是形状消失，接着面持续出现、再消失，这与詹姆斯·吉布森想法的相近应该不是偶然的。各表面质感的对比经过慎重配置，面的丰富排列跳入观察者眼帘，这画面似乎诱发了人们的行为。从"形"到"面的配置或空间"的转换，是一个让人可读出建筑设计的新方向。因此我们请接受测验的人带着可在画面上确认视线的计测装置进入空间，借此研究空间是如何显现在人的视线流动中的。

我们的观察地点是仙台媒体中心的一楼被称为"广场 plaza"的空间。广场的天花板很高，它没有使用柱子，而是以管状的独立构造物支撑（图 2-6）。当实际利用视线计测装置来追踪人的视线流动时，可以发现在物的边缘发生了称为"交叉注视"的行为，频繁地出现在管子边缘。且管内的透明状态让人可以从远方看穿到另一侧的空间；一旦靠近它，你会发现管子是小柱子的集合体。进一步靠近管子的时候，你会发现电梯的标识或其他几个需要操作的装置装填于其上，让人感觉更有必要看仔细，这个过程就像管子般具有多层次的性质。

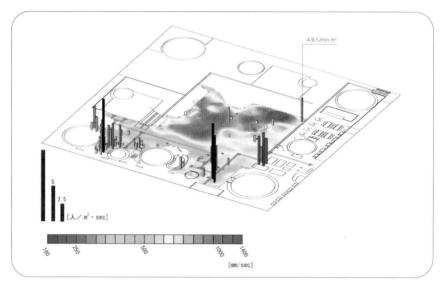

图 **2-5**　仙台媒体中心的人类气象图

图 **2-6**　仙台媒体中心一楼广场

再来看视线计测装置的数据，根据不同距离需转换注视的模式，于是推测不同层次上的认知是以距离作为切换依据的（表 2-2）。管子与观察者之间的距离可能是切换的一个重要依据，人的速度在切换的地点会变慢，就像"人类气象图"里形成的停顿状态。当然，单纯的归纳总结是草率的，这需要更深入的研究，而人在空间中的行为，似乎和在行动之中如何去认识周围环境有所关联。

表 2-2　管状柱的认知（制作：佐藤知）

视线的流动			注视距离	注视时间	符合的柱子编号
对管状柱的注视	交叉注视	对管子产生细微又连续的交叉注视	4~10 m	1~6 s	T1, T 4, T 5, T 7, T 8
		管状柱被认为是一根柱子时的交叉注视	3~12 m	1~6 s	T1, T 2, T 3, T 4, T 5, T 7, T 8, T 9, T 13
	对内部功能的电梯及楼梯的注视		8~10 m	0.2~1.2 s	T2, T 3, T 5
其他的交叉注视	对家具的交叉注视	对墙壁等的交叉注视	2~7 m	0.2~0.6 s	—
		对空间设备的交叉注视	2~6 m	0.1~0.8 s	—
	对墙壁等的交叉注视	对咖啡吧台屋顶面的交叉注视	3~5 m	0.1~0.2 s	—
		对墙壁的交叉注视	1.5~3 m	0.1~0.6 s	—

第三章

功能是让空间缩减到可操作状态的发明

作为缩减点的功能

维特鲁威（Marcus Vitruvius Pollio）的对应

功能的思考方式

作为缩减点的功能

如上一章所述，人的活动与空间的存在是很难分离的，也会对空间的认知造成影响。人们在休息室及入口大厅的行为大部分是按需求而自然发生，也有依据文化习惯发生的，像是为了上课而被集中在教室中，当策划（program）明确受到控制时，这个行为的起源就很难被看见。之前所提的阿摩丝·拉普卜特将二者区分为：前者是自然发生的行为，称为"行为设定"（Behavior Setting）；后者与文化或被控制的行为称为"活动系统"（Activity System），此整理在思考空间与人的关系时是不可或缺的。为了让设施运作顺畅，关键是要整体性协调"活动系统"，在建筑策划领域中，也对这些行为进行了许多研究。然而，人们是如何各自被策划影响的，很难从外部理解，实际上超过半数的状况可能是不同目的的人的行为的重叠。而且若将人与空间的互相渗透作为一个事物来看，会是一个复杂的现象，若认为就如此进入吧，可能会让你看不见整体。具体行为的起源与空间构成本来就是两件事，即便在某种程度上观察了它们的关系，在实际融入设计条件时仍会伴随许多障碍。总而言之，要将人的行为融合于设计需要很大的跳跃。

为了让这个跳跃得以成立，至今大家所采取的方法仍是将行为完成的表现缩减到"功能"这个词汇。将"功能"插入在上一章所提的"行为→空间"的关系中，变成"行为→功能→空间"来操控"行为"和"空间"间的关系。而本章的重点在于理解"功能"这个词汇的角色。

维特鲁威（Marcus Vitruvius Pollio）的对应

学建筑的学生第一次碰到"功能"的概念，大概是在维特鲁威的这张关系图（图3-1）中。面对自然作为庇护的"持久"（Firmitas）、实际帮助人类生活的"实用"（Utilitas）和捕获人类知觉的"美观"（Venustas），古罗马时期的伟大建筑理论家建立的这个三分法，历经两千年至今也未见褪色。

维特鲁威解释，真正的建筑家必须熟知文学、绘画、几何学、哲学、音乐和法律等多领域的理论与实务，这个三元论也建构在统合性之上。根据其论述，"美观"可进一步被区分为构成整体的外在原理和空间或建筑几何的内在原理，后者又细分为与身体协调为基础而显现的比例关系，以及通过感官而获得的知觉部分。这种美的原理的根源被称为"modulus"，也就是模块（Module）。这些被认为尺寸适当的系统就是产生"美观"的泉源，也是建筑师专业能力的核心，因此维特鲁威在《建筑十书》里，花了极多篇幅说明这部分。

另一方面，维特鲁威率先提出了"实用"的概念，但其论述却意外浅白。实用的定义是："此场所可对应不同种类，在各个方位保持适当分配，对此场所按照无缺陷且使用无障碍的标准进行配置……（日文版森田庆一译，第一册第三章第二节）"。但对场所的活用与建筑配置，却几乎没有具体计划的说明。"实用"一词出现最多的是其第二册谈论建筑材料时，举例说明选择哪些种类的石材与木材会"便利""恰当"，与现在我们概念中的"实用"意思相当不同。

这个三元论后来有其他作者增添了新的要素，事实上，此三元素是互相影响而被结构化的，与其增加元素，倒不如深刻注意他们之间的相互关系并深入思考。若以现代的意义来解释"实用"这个词，可推测出其应是倾向于建筑"功能"的意思。

历史上许多建筑家追求的"美观",其本质是比例,与支持空间的"形"有关。这个"形"不仅与材料的种类与尺寸有关,其构成还与性能的"持久"也有很深的关系。因此可以解释为"美观"和"持久"都与"形"有深刻关系,且"持久"是不能单独评价的,它需要工程技术系统的支持,以持续追踪进行阶段性评估。同样地,在如此复杂的社会脉络中,对于"实用"的定位,也需要这样一个系统来支持。因此可以理解为"持久"与"实用"都与"系统"相关。并且,我们已经看到在人进入空间活动的时候空间才首次表现出"实用"的含义,也就是说它们无法与"空间"分离。而"美观"对使用者来说是包含在"空间"之中的,人在空间中移动时,会对美观有许多新发现。因此"实用"与"美观"都与"空间"相关。如此一来,从这里发现的新元素"形—系统—空间"增加在"持久—实用—美观"的三角形上,可整合成图 3-2。

接着进一步来思考各个主题。若以美观为中心,对应"空间"与"形",也就是说"实用"与"持久"的处理是建筑师的工作。以持久为中心,对应"形"与"系统",是技术者的工作;以实用为中心,对应"空间"与"系统",则给予了营运管理者处理权限。

从这个视野俯瞰,以感觉领域、物理领域、社会领域各自对应的具有高解读能力的建筑师、工程师、营运管理者等代表者共同达成,这时就会浮现出一个建筑案的轮廓。(图 3-3)

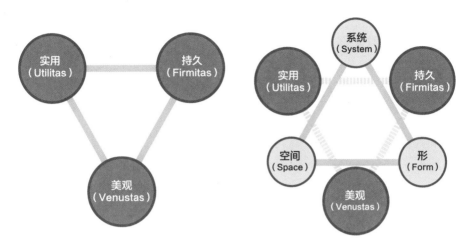

图 3-1　维特鲁威的三元论　　　　　　图 3-2　持久、实用、美观和形、系统、空间

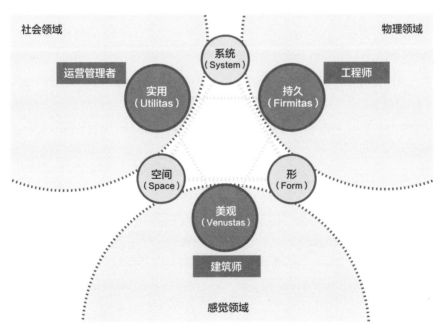

图 3-3　作为方案的建筑

功能的思考方式

如此说来，"实用"是建筑运作的基本元素并显现在空间中，和系统有很深的关系。那么"功能""实用""空间"之间有什么样的关系呢？

首先，如何区分"实用"与"功能"呢？以词汇来说，"功能"在日本大辞林字典中被解释为：事物具备之作用。器官、机械等互相关联作为整体的一部分，在整体之中担任一个固定角色。这和"实用"的无尺度总括性概念是不同的，而"功能"的角色重点是作为构成整体的一部分。前述的"行为→空间"之间插入"功能"的意义即为此，因此放入功能作为中间项目可让各行为被区分且更容易被操控。同时，一旦加入到像这样抽象化的阶段，会带来另外的效果。功能若被"符号"抽象化，会有被分别以面积或是货币等其他价值来交换的可能性，再加上操作，评估或评价也会变得容易些[1]（图 3-4）。

前面提到"策划"（Program）是"系统"在"空间"中得以良好运行的设定手续，可以将其分成数个领域来思考。首先是"管理"，它以"系统"作为接口，进行逻辑性的思考来安排适当人才及物品供给等。其次是面积配比和图解（Diagram）等，对空间计划与运用进行"设定"。此处发生的行为若与系统的含义相近则被称为"活动系统"（Activity System），若与空间含义相近则被称为"行为设定"（Behavior Setting）。就像这样，以上各行为的总和就能确保功能的实际状态，"实用"即为行为累积的状态（图 3-5）。

虽然还有被分节（分段化）的各元素如何再统合的问题，但如果紧盯着营运管理且使用图解和面积配比的方法进行空间操作，仍是可以确保功能的。整合以上这些，似乎可以确保三个元素之一的"实用"了。下一章，将阐述在实际设计现场之中确保功能的相关作业。

1 例如教室空间应有课桌椅等，但平面图中可能仅以"教室"的代号表示即可。——译者注

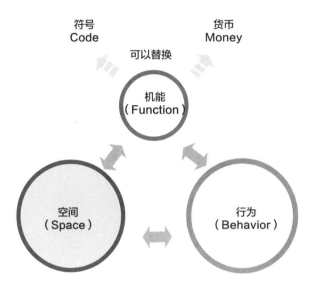

图 3-4　作为中间项目的机能

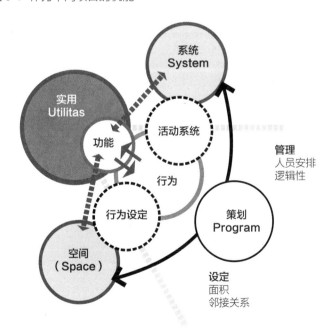

图 3-5　策划（ Program ）与机能

第四章

图解与面积配比让功能得以固着在建筑上，是建筑策划的有效工具

"仙台媒体中心"的前期设计

与图解（Diagram）对等呼应的面积配比

伊东丰雄方案的采用

让面积配比说话吧！京都府新综合数据馆设计竞图（平田晃久案）

"仙台媒体中心"的前期设计

"仙台媒体中心"的首次讨论会议，于 1994 年 6 月 15 日（星期三）在日本东北大学进行。当时负责人说明了位于私人大厦的市民艺廊，目前所使用楼层的租约将在数年后期满，因而必须确定未来新艺廊的空间，而这正是个重新规划的好机会。新基地位于仙台市的代表道路"定禅寺大道"上，将整合原有公交车调度站与周围的土地，希望在此建成复合式文化设施，以上即为计划的骨架。计划中还包括市民图书馆的改建、映像媒体中心，以及提供无障碍信息设施等，可一口气解决仙台市的所有问题，将举办建筑设计的公开竞图。市政府在此计划中也希望最大限度地利用珍贵的市中心土地。并且，仙台市政府和营造商之前的收贿丑闻使得市政府形象受损，公开竞图的方式有利于恢复形象，然而市政府并没有计划进行的实际经验，因此希望大学方面能予以协助，使其务必实现。但此时这个计划仍像悬案一般，只知道是四个设施的复合体，又因土地是市中心仅存的珍贵土地，故希望可被精心设计。市政府原本只表达了想借用大学协助完成设计竞图活动的期望，并没有创造新型设施的议题。就在我的上司菅野实教授任命我为此案负责人的那一晚，我凝视着写着四个设施名称的资料，忽然意识到一些事，即这四个设施并非不同的东西，它们都是由"艺术"和"媒体"的元素所构成，相异之处是两者调和的比例，也就是说，艺廊的两者配比是 8：2，图书馆的是 2：8。

若是如此，因各设施的来源不同，很难将其直接囊括在一起。因此是否能以动态方式混合，类似引擎的功能，假设将称为"工作坊"（Workshop）的部门编入于此会如何呢？所谓"艺术"，是将搜集的素材储存在信息库，再从累积的信息之中抽出几个素材加以编辑而成的。在艺术和信息之间产生循环来耕耘都市资源，是否会孕育出仙台所需的信息传播种子呢（图 4-1）？虽然实际上这尚未得到官方的确定，但"仙台媒体中心"在建筑策划方面的想法是这样产出的。

虽然当时市政府已大致完成了四设施复合案的内部调整，但是应如何发展这个策划是接下来的课题；换言之，为了让众人共有一个具新方向性的愿景，需要一个强而有力的"中心"。因为该项目横跨了艺术、信息、城市规划的领域，于是我们开始游说既是建筑家也是理论界权威的矶崎新先生来担任评审主委。

像是在被我们半强迫地说服的情况下，矶崎先生提出以下三点重要提案：（1）审查过程完全公开；（2）召集可以经得起公开审查的一流评审委员；（3）为了让提案更具确定性，将项目定名为"媒体中心"（Mediatheque）。就这样，同年8月在矶崎先生的轻井泽矶崎别宅确定了"仙台媒体中心"的方向。

与图解（Diagram）对等呼应的面积配比

因矶崎新先生的参与，好像可以看到一些新设施的方向了，但如何让这个高抽象性的概念图解（图4-1）变成现实仍存在几个问题。问题之一是如何赋予各部门策划以加大完成的可能性，同时还可以达到与设施形态相适应的加倍效果。如果没有面积配比作为实际的支持，那么以"媒体中心"为名号的共筑空间即使完成，也只是挂个招牌而已，图解将会成为一个空虚的命题。

要让各功能相互作用功能加倍，的确需要有充足的面积进行连接，但实际上多大的面积才算充足呢？如何计算出合适的面积数值？为尚不存在的活动寻找条件是极困难的。因此我们在全日本复合式文化建设中，大范围搜集当时优良公共设施的资料，包括被认为在融合功能方面表现突出的富山市民广场等，并仔细调查实际面积的大小。调查结果是可将空间分为数个部分：共享部分的入口、大厅，它们是让利用各功能的人们可聚集的特殊的共享场所；另外是一般的共享场所，如楼梯、走廊等。调查后发现这两部分占总楼地板面积的比例前者通

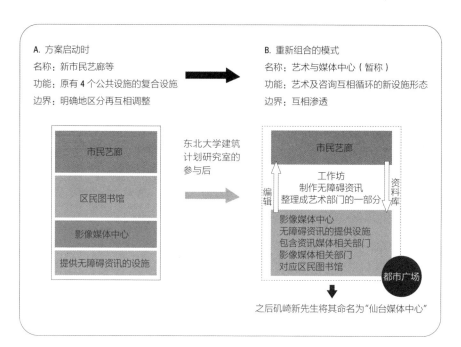

图 4-1 仙台媒体中心方案初期图解

常为 3％ ～ 5％，后者为 25％ ～ 30％，但高评价设施的前者略大于 10％，后者为 25％ ～ 30％。

总之，让门厅等各功能得以融合的特殊的共享空间，需确保占总面积的 5％以上。这表示在"仙台媒体中心"总楼的预定面积为 18 000 ～ 20 000 m²，必须从各部分的空间中共节约出 1000 m² 以提供给功能融合设施。到目前为止，市政府规划此案仍为四个不同设施的复合体，因此要节省各功能空间相当困难。图书馆的藏书量规定约 30 万本，艺廊则依据市民需求，空间大小要能举办二科展（日本文部科学省举办的美术展），所以减少各部分的面积几乎不太可能。

即便在这样的状况下仍要想尽办法解决，不然新型设施的创建只能徒有其名而没有内容。图书馆部分最终这样安排："媒体中心"设立之后便不再使用原来的旧图书馆，而是将其转用为书库，这样便可压缩闭架书库的面积，通过与市政府人员的多方协调，终于找到了合适的方法。艺廊部分：根据作品展示数量计算出所需的墙壁长度，进而计算出所需的面积，从计算得出悬挂两件作品需要约 500 m^2。若展示墙的长度可暂时确定，那么一部分面积可弹性使用，艺廊的展示空间可分成常设空间与临时空间，这种方式取得了双方同意，使常设空间得以压缩面积。

更进一步，对这个新提出的面积分配，要确定实际上是能实现各设施功能的。于是，研究室设计了数个不同模型（Pattern）的设计草案，以确保新面积配比下的空间实行状况。设计竞图的面积配比是经过精密调查还原制成的。现在参观"仙台媒体中心"，从一楼大型广场至作为作战本部的七楼工作室等，都可以清楚地知道这些空间作为重要角色所发挥的作用，这些面积大多是事前认真地进行调整而得出的（图 2-8）。

这样的面积配比对建筑的重要作用，就是能将各个功能显现出来，它记录了空间功能的基本单元（如适当大小、容纳人数等），成为可使用的数据。大多数人认为面积配比会束缚建筑师的自由度，是僵硬的规范，但此例显示，面积配比可与图解同步辅助建筑师进行创造性工作，是有用的工具。

伊东丰雄方案的采用

1995 年 3 月，通过设计公开竞图选出伊东丰雄先生的开创性建筑想法之后，他深入思考什么是"媒体中心"，以及如何实现卓越的空间。"仙台媒体中心"中著名的管子与楼板，在设计和施工阶段都经历了反复的尝试，除此之外，这个建筑还有许多值得探讨的地方。其一为极力取消墙壁以启动相应功能的尝试，另一个是为了实现新形态设施而构筑的新型营运体制。前者是从原本借由房间名称而确定功能的状态，变成在各空间中让人自主发生行为的状态，这对负责安排功能的策划者而言是严酷的挑战。实际设计之中，必须对天花板高度等的空间尺寸、地板装修材料，以及家具、照明等基础元素，很小心地进行组合，坚持提升自主性行为的"行为设定"（Behavior Setting）准确度的方向性，并且通过后面章节谈论到的营运面强化，确保前往目标之路的铺设（图 4-2）。第二章所述的研究内容是确认在去除墙壁的状况下人的行为是如何发生的。

另一方面，也累积了对后者关于营运方式的各种讨论。在设计竞图结束一年后的 1996 年，这些记录总结为"多木报告书"[1]，对新型态设施概念的研究迈进了很大一步。不过，这份报告书虽然明确，但难以实现与行政语言的整合，与行政体系沟通方法的课题仍有待解决。在这个报告书的制作过程中很多人都付出了努力，其中检讨委员桂英史认为媒体中心是新形态设施，无法用简单的一句话概括说明，应该扩大它的概念范围，并且从更高层次去想象，他将概念整理成以下三点，让我们有了共同前进的方向。

（1）提供最先进的知识与文化（服务 Service）；

（2）不是终点（Terminal）而是节点（Node）；

（3）解除各种障碍（Barrier）得到自由。

1 此报告书由多木浩二整理。多木是受伊东丰雄之邀为仙台媒体中心进行概念策划的哲学家，由哲学家执笔建筑策划的形式非常少见。——译者注

状态 1：一般房间的基本状态

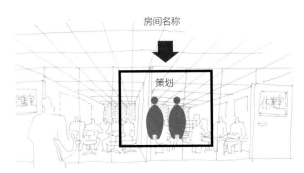

此方式是借由外形的"房间（墙壁）"来确保其功能，功能和行为乃是通过记号（房间名称）与在这里发生的策划产生联结。因此以活动系统（Activity System）为中心而开展行为的时候，使功能稳定，然而却限制了"行为设定"（Behavior Setting）的作用，人的活动是被制约且拘束的状态。

状态 2：没有房间（没有隔墙）也可以显现功能的状态

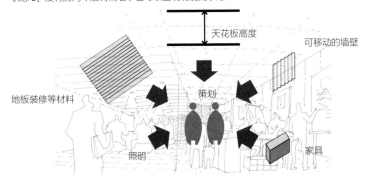

去掉"房间（墙壁）"又要担保其功能，是高难度的方法。统合家具、地板装修等材料、天花板高度、照明等微小力量的"空间之力"，来提升"功能"发生的概率。因为行为的开展融合了"活动系统（Activity System）"和"行为设定（Behavior Setting）"，可期待发生行为的多样性及创造性。但还是会有声音干扰或使用者的集中力散漫等不稳定的元素。

图 4-2　从房间到空间

让面积配比说话吧！京都府新综合资料馆设计竞图（平田晃久案）

"仙台媒体中心"一案中，建筑策划师是代表业主一方来参与作业的，因而能与主办单位顺利联系，面积配比等设计条件也有可能更换，但实际上像这样的案例很少。一般来说，策划者制作的面积配比是设计者必须接受的前提条件，他们要在这些条件的基础上构建空间。不过，即便在此情况下，若能仔细地解读面积配比及功能之间的连接条件，这字里行间的诠释仍具有充足的可能性。本节将以"京都府新综合数据馆设计竞图"一案为例进行说明。

笔者在平田晃久先生的邀请下参与此案，以项目成员之一的身份整合面积配比表与平面图，支持提案的制作。这个设计竞图项目是将大学图书馆、京都府图书馆、大学的研究功能及观光功能等收纳在一栋建筑中的复杂方案。第一步是将复杂的设计纲要整理成功能，并调整功能构成图。

在这样复杂艰涩的设计大纲之下，又让此案更加难解的是建筑师提出了复杂的建筑形式。平田先生的提案是由虚实空间构成的格状几何体，交错出现在整个图书馆空间（图 4-3），各个平面单位被分节切开，接合部分也有限。因此，要同时具有复杂的功能和建筑师的复杂建筑形式就会面临双重困难。在这种情况下，图解担任了重要角色。但此图解并非是表示设施任务抽象关系的一般性概念图（如图 4-1），而是为了表达必要量体（面积）与功能之间关系的气泡图（图 4-4）。通过画出这个图解，就能更容易地理解这个复杂的构成了，再以此图解对照建筑师原本的提案，整合后修改平面图。经历这个过程后，改善了原先逻辑性或是管制上不稳定的问题，各功能间的联系也被整合成具体的平面形式，这个设施拥有的各种潜在可能性也以平面的形式继续开展（图 4-5）。

这个设计提案最终得到了营运主办单位的高度评价，但量体分隔的连接方式因缺少空间上的弹性而被确定为二等奖。事实上这个策划具有确保各量体独立处理的高弹性，也细致解决了动线和面积分配，这样的竞图结果相当可惜。

图 4-3　京都府新综合资料馆设计竞赛（平田方案）透视图

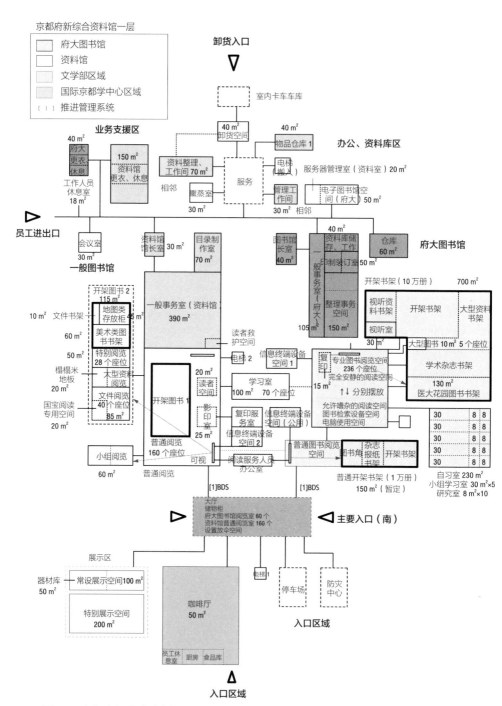

图 4-4 京都府新综合资料馆设计竞赛功能构成图（平田）

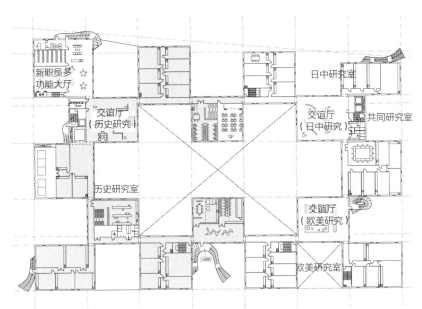

二楼平面图：府立大学文学部区域

虽然各研究领域簇群形态的构成存在着过于独立性的担忧，但在交叉处设置了交谊厅，制造了互相交流的可能。

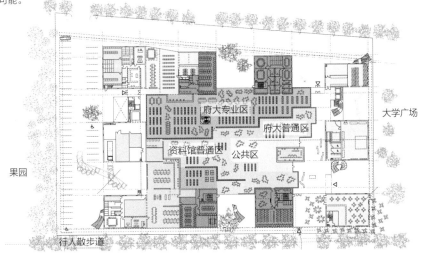

一楼平面图及配置图：图书、历史资料区

资料馆、府大图书馆易于明了的区分与融合

将资料馆的功能配置于西侧，府大图书馆配置于东侧，可进行阶段性管制的管理。并且配合了安全地安置资料的方式，易于理解与使用。面对大厅的空间有中岛式的咨询服务台，可在此等待资料借出的手续等基础服务，更里面的与办公功能联动的资料馆、府大图书馆的柜台提供较专业的服务。如此区分各服务内容，实现了高效率、高品质的运用。

图 4-5 京都府新综合资料馆设计竞赛（平田方案）平面图

第五章
图解很方便，但它只是个工具，我们不能被工具利用

抽象脉络的标准设计（Model Plan）

随商业化发展而演进的最小单元化

图解的发动

空间帝国主义

图解是魔杖吗？

抽象脉络的标准设计（Model Plan）

如前一章所述，面积配比确保了功能实施的可能性，而图解则指示了各功能的联结关系，两者配合，就能设计出让功能有可能在平面上有所发挥的方案。但现实社会是复杂的，若我们只以一次性生产的方式将建筑功能（Program）写下，则无法创造通用性的"实用"（Utilitas）。特别是对于这样稳固地建在土地上各自独立的建筑，它们的相异性是一种常态，然而，营运业务需遵循不同的法律及经营等自成一格的系统，这些系统会对每个方案的独立运作形成很大障碍。例如对图书馆有个有趣的想法，但该想法的实行会关系到图书馆管理员的教育与分馆系统，这势必会对全体造成联动影响，不经周密安排是无法发展至可被采用的状态。第三章也提到建筑家、技术者、营运管理者的关系，换句话说，若在某程度上没有整合建筑界、技术界、事业界的各种事项，实现想法是困难的。

为了避免以上这些问题而提出的解决方法，是预先解决功能（Program）与平面（Plan），并让这个模式可以复制与普及，即为标准设计（Model Plan）。在日本，随着标准设计的开发与普及被广泛运用在集合住宅、学校、医院等各种设施上；对建筑策划学而言，从日本的战后到高度经济成长期期间是一个幸福的年代，标准设计科学在社会上被寄予厚望，特别是集合住宅的标准设计，让许多人从农村迁移到城市；另一方面，标准设计对于资源、技术、预算有限的战后重建期也具有很大的意义。

在这样的背景下，当时的建设部主导开发了数个平面模式项目。这些项目之中，最有名的是不到 35 m² 的"1951 年度公营住宅标准设计 C 型"，即"51 C 型"（图5-1）。虽然现在的 35 m² 只能确保 1DK（1 房 + 餐厅 + 厨房），但东京大学吉武泰水及其研究室的铃木成文等人，引入厨房和餐厅结合座椅式 DK 概念，不同于以往使用拉门的隔间，而针对空间分割固定化的日本住宅，提出各式丰富想法而创造出 2DK 的标准型。

"51 C 型"设计里坚持的第一点是让功能来整理空间的理念。虽然在最小限度的宽度里，但睡觉的场所及吃饭的场所被区分开来（寝食分离），并在容许范围内尽可能地设置多个卧室（性别就寝）。第二点是为了减轻家务劳动而将主妇的主要工作场所设置在家的中心，水槽从传统的北侧移至南侧，且装设了不锈钢洗碗槽等，企图超越战前的父权家长制。第三点是确保隐私，以隔间遮蔽视线，但也做了调整，家人之间可在共享空间里进行视线交流，这是让各自独立的个体成为集合体，实现了理想家族的表征。

这个标准模式的优点是在任何脉络下皆可期待它在行为上作某种程度的调整。另一方面它也具有极限，即很难引入建筑用地的独特性与使用者自身拥有的文化。这也是标准模式虽让生活形态统一化但仍招致先驱者各种批评的原因。"51 C 型"的开发者之一铃木成文，可能也因理解这个部分，而将研究内容扩展至集合住宅内外关系的阐明，及其构筑活动的场地。

不过，"51 C 型"的计划前提是建立在当时一般住宅楼的形式上，且与楼梯间型相似对外的接触度偏高[1]，只要不过度在意日照时长，它的平面配置就拥有较高自由度以及多向发展的可能（图5-2）。若舍弃早期标准设计的抽象性配置，配合基地且用心配置平面，它是可以舍去表面形象（抽象化）并再次与场所产生关系的手法。然而，时代却往不同的残酷方向发展。

1 与外部接触较为容易。——译者注

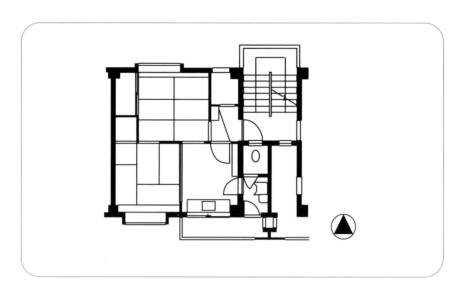

图 5-1 51C 型住户平面图

随商业化发展而演进的最小单元化

楼梯间型建筑物的优点是容易获得良好的通风及采光，但另一方面，却只能通过楼梯间到达各住户，而有着难以高层化和无障碍利用的缺点（图5-2）。"不能高层化"表示无法满足增加住户数量的要求，对于在有限土地内尽可能容纳大量住户的民营企业项目是难以采用的。而无法完全对应无障碍设施会造成公共性问题，因此单边走廊型开始普及，它解决了楼梯间型的缺点，即在北侧设置户外楼梯，住户则设置于南侧。此类型的优点是能够以最少的电梯确保各住

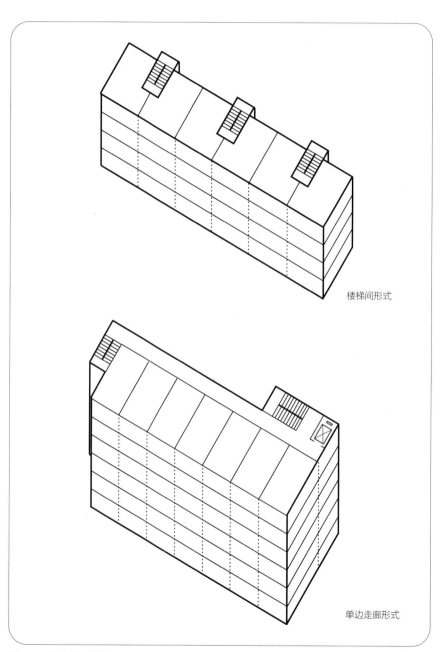

楼梯间形式

单边走廊形式

图 5-2 住宅构成图

户的无障碍使用，容易高层化，也容易以相同设计条件确保大量住户等。因此此类型住宅被广泛应用于民间按户出售的集合住宅或近年公营住宅的各种集合住宅，也成为日本现今集合住宅的标准。

但这个类型也存在着问题。在被限制长度的走廊里尽量塞满住户当然比较经济，但各住户就会受到住宅宽度缩小的影响。在这种情况下，只能将需要隐私保护的房间放到隐私度非常不足的走廊侧，而公共性佳的客厅被设置在相反侧，因而形成了奇妙的户型（图 5-3）。这是以公共、私密、共享的顺序连接的空间，进而构成对外封闭的空间。这样的住户平面减少了生活行为向外渗透的机会，共享空间被局限在户外走廊与楼梯间，成为单一目的、不会发生其他活动的寂寞空间。

并且，单边走廊型住宅以电梯为中心形成动线，住户入口必然会被挤于一处。若在这里设置管制大门，就会形成完全和走廊隔离的空间。廊道与各住户的匿名性关系也会在街道与集合住宅间不断地重复循环，如此一来，受到比标准设计更冷酷地匿名化单元集合力量。也就是在一户户的小型住宅分化后，各自散乱增加最小单元化倾向。这里显示出的均质化以及断片化，即为前面章节中亨利·列斐伏尔担心的抽象空间性质。

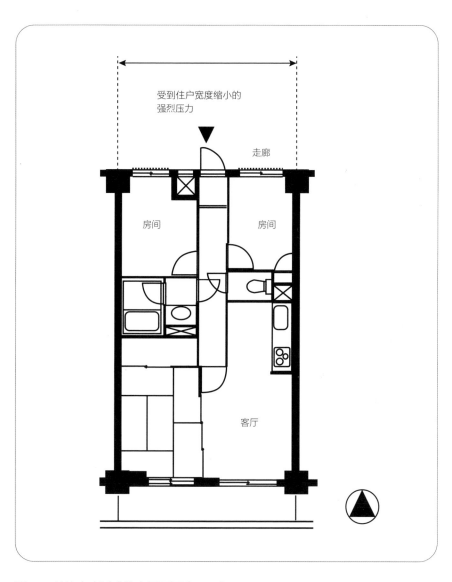

图 5-3　单边走廊形式住户平面图（3LDK）

图解的发动

超越了以标准模式为媒介的统一单调，数位优秀建筑师曾进行过一些策划。其中最轰动的是建筑师山本理显的"熊本 artpolice"一案，这个项目的特征是灵活运用图解。

"熊本 artpolice"是 1986 年在当时熊本县知事细川护熙的号召下启动的一项事业，设立的目的是发扬地域文化，并邀请国际级建筑师担任委员，将优秀建筑师的设计引入熊本县的建设案之中。第一代委员矶崎新指名山本理显为最早的县营住宅（熊本县营保田洼第一团地）设计者。原因是矶崎新注意到山本理显关于家人与住宅关系图解的研究，希望将这个独特的图解应用于住宅中。在此新集合住宅计划之际，山本将当时已发表的房间（单间）对社会开放的模式加以扩展，构想出了住户围绕共享空间的图解（图 5-4、图 5-5）。这个图解也表达了功能空间的关系性，优点是平面布局可以配合各环境而设定。此方法相对于标准设计，可以更顺畅地对应个别环境。"保田洼第一团地"利用这一性质，根据周边环境而设计了住宅配置，在设计上能让人想象集居于此的氛围。一方面，通过图解可使山本的理念直接空间化，图解所追求的生活方式与一般人的习惯在此产生的各种反应（反抗、不适应、适应、活用、放弃……）出现了复杂样貌。这样的图解在理论基础上形成社会运动的支点，具有良好的性质。但另一方面，它是抽象化关系的记录，只是个记号，也具有冷酷的性质。因此若将其形成实际建筑，仍需建筑师的感性和创造性。"保田洼第一团地"的设计是建筑师谨慎地发挥其创造性的案例，让图解的影响力及空间的丰富性平衡地发挥最极致作用，这是拥有优秀建筑师的稀有案例。如此可知，图解具有强力的功能，但也是个在运用上尚需仔细注意的麻烦工具。

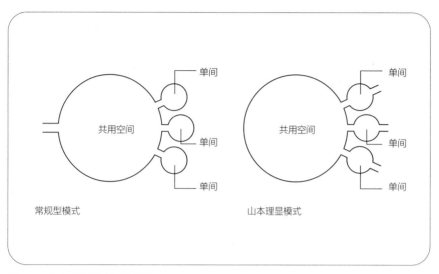

图 5-4 山本理显的住宅图解

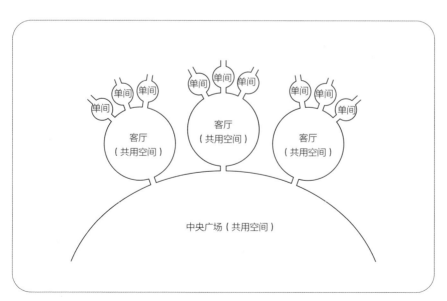

图 5-5 山本理显的集合住宅图解

空间帝国主义

敏锐地感知到此危机的社会学者上野千鹤子，以"空间帝国主义"揶揄此现象。上野和她的学生在"保田洼第一团地"落成后进行了实地调查。她提出以下一些问题：作为共享空间的封闭中庭对儿童而言是良好的游戏空间，但高龄层对此却多为负面评价，居民们对该如何使用这样公私区分的住户设计相当困扰，活动被局限在某一区域，实际上有让居民与此空间产生距离感的倾向。对于依据空间的提示来改变社会的建筑人来说，上野的批判使他们回过头来审视此种尝试的局限性，但还有其他问题存在。上野有点像被建筑师牵引着，她的批评对象从山本的集合住宅延伸到前面所提的"51 C 型"，称它们为空间决定论的形式，不过如同前面所述，这两者之间是因商业化而导致单元化。若除去这些原因仅谈论空间决定论有不太周全之感。

此外，上野所处位置是在赞扬社会关系，除了为了破坏"帝国"而使用攻击性措辞之外，她的说法听起来已经过度切割社会关系与空间。在这里不难看到由列斐伏尔与索杰所指出的，根据历史主义而轻视空间的倾向。

尽管还有这些课题存在，上野所言的"空间帝国主义"也就是图解介入空间构成中所产生的作用，使建筑师的想法与居民的日常生活方式呈现对立冲突状态。像是从浴室经过户外再回到客厅般刻意错开的连接关系、狭窄的收纳和玄关空间、很难使用的厨房厕浴间（水路）位置等，体现了图解造成的一种严重未整合状态，这些虽与标准设计容易实现是不同层次的问题，但同样难以解决。

"51 C 型"的开发虽发挥了一定的作用，但另一方面与标准模式的统一单调化也有些关系。然而若从较广的视野来看，更有问题的是单边走廊型住宅的普及。

此种自闭住户形式与隐私概念结合被一般人广泛接受，如此一来，在共享空间以及专用空间之间很珍贵的互动接口就难以发生社会行为，这个负面影响的根扎得很深。因此应该被指责的并非"51 C 型"，而是单元化所引发的住户与社会之间断裂的关系吧。

图解是魔杖吗？

这些空间操作手法都有各自的优缺点，重要的是必须先理解之后再使用。在此再概观一下目前所提出的手法。具体来说，以两个轴线来整理，一是功能是否有被固定的功能轴，二是形态是否有被固定的形态轴（图 5-6）。

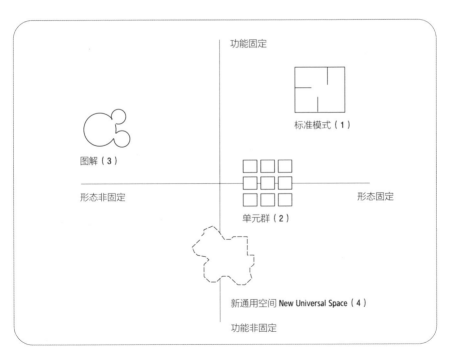

图 5-6　空间操作手法的分类

1. 标准设计

标准设计同时指明了机能与形态。它具有明确性而能启动运营系统等特质，容易生产并复制到不同地方，适合策划进行运作。然而却被批判为让生活行为统一单调化，建筑的内外界面本应该是丰富社会生活的起点，却因标准设计变得抽象化，容易让人忽略与外部关系的独特性，成为具有一定局限性的存在[1]。

2. 最小单元化

单元化与标准设计并用的概率较高，而且"51 C 型"和宽度压缩的"nDK 型"十分类似，容易产生混淆。但其重复性所带来的经济合理性是此形式的最大特征，它可以在高密度状况下实行，各单元也会被彻底个别化。换言之，在各单元里导入了过度隐私，结果此手法的滥用使住户闭锁化，产生了社会关系减少的问题。

3. 图解

在这里只指示了各功能的联结关系，它的自由形态可适应各种脉络，如前述的概念图解、气泡图解等，即是顺其用途产生的数种不同形态。其也可能产生激烈的结合关系，因此手法在实际启动时可能会有强烈冲击，是被定位为"空间帝国主义"的代表性武器。当然，因为人超高的适应能力，他们可适应各种状况而避免悲剧，即便在这直硬的社会中也拥有变化的机会。总之，率先进行这样的实践，是走在社会发展前方的，社会运转也要跟上。然而，具体实行之后，要能使其安全落地是极为困难的，在后面的章节会再介绍确保运作过程的营运视野，若没有各方面的全力支持，采用此手法是危险的。

1 例如建筑场地外部有一条美丽的河流经过，却因为直接置入标准设计而未开窗的情况。

4. 新通用空间（New Universal Space）

此为优秀的建筑家正在创造的空间，此种空间具连续性，又有微妙的分隔，并开放给许多人。非常精心构建的空间让在其中移动的主体读出空间里的微小差异，并各随己意进行活动。这是将空间的性能丢给用户的自由或能力的善意系统，在下一章将论述此种空间也会依使用者的解读能力不同而往不同方向发展。它拥有多种可能性，仍在发展过程中。

以上空间操作有数种方向性，各有优缺点，设计方需要视情况整合使用。特别是图解因突破力大，使用上需十分注意。在有些学生设计课作业里会看到使用图解直接转换成设计的例子，经过此章的探讨可以了解到图解的种种局限性，希望我们对此能够产生共识。

建筑理论家桑福德·昆特（Sanford Kwinter）曾说，功能与图解之间应该是宽松的关系，也以下文警示："图解具有可以让功能瞬间分解的力量，也可以提供让功能有历史性成就的力量。图解是一首歌，也是个大槌子。结果它只不过单单是意思上的功能，并非是真实的。"

下一章将介绍下述代表性手法：利用图解和通用空间（Universal Space）设计的实际建筑，从这些建筑的使用者行为来思考此手法的具体课题。

第六章
空间无法自由操控人的行动

综合学科高中：新型设施与图解的利用

从校舍构成来看学校的差异

根据学生的活动而明白的事

为何图解没有作用呢？

综合学科高中：新型设施与图解的利用

到上一章为止，整理了各种策划的方法论，本章将介绍活用这些方法论的一些好作品，但在这些作品中，用户行为并未往策划者所预期的方向发展，通过这些例子来探讨关于策划之后的课题。

所举例的新型设施为"综合学科高中"。综合学科高中的制度于 1993 年创立，其内容是让学生自己从开设的多种科目中选择课程，这是高校系统中除普通科及职业学科外，被称为第三种形式的学校。这种复数课程的编制可以让学生较自由地选择科目并深入学习。此系统被教育界广泛接纳并深受期待，但大家也对此存在一些担忧，如学习场所的流动化增加了途中退出的可能性、提供多样的课程并不能保证其专业度等。特别是佐藤学曾举例表示，美国学校这种对于科目的自由选择方式并没有绝对地成功，尖锐批判了这种无条件信任学生选择的风潮。对于这样的新形态课程到底适合何种空间形式仍被持续讨论着，而实际上已有使用不同空间形态的结果。

从校舍构成来看学校的差异

如此情况下，有几位建筑师正在实践这些新型设施的具体空间，此章将要介绍的重要实例 A、B 两校，是基于笔者过去的调查，探讨他们的实际状况（表 6-1）。

A 校是由经验丰富的策划研究者及建筑师所设计，此建筑被命名为"house"，它拥有清晰形式，包含由 HB（Homebay）及休息室（Lounge）组成的生活空间及学科组群的学习空间，连接到被称为"学校街道"的三层楼高的空桥走廊。这是根据严谨调查的结果制成的图解和各功能设定后的面积配比所构建的空间，所以可说是由图解启动导出的建筑。

表6-1　综合学科高中的调查对象

		A校：三楼平面	建校年份	2002 年	
学科教室型	非单边走廊型	HB：Homebay，其楼下为休息室（Lounge）	校舍	新建校舍（2002—）、3 层楼	
			全校学生数（系统数）	985 位（9）	国际人文, 福祉, 艺术、设计, 商业, 机械, 自然科学, 体育、健康, 信息, 都市工学
			基地面积	25 597 m²	楼地板总面积 18 790 m²
			教室种类及数量	HB 教室 24、专科教室 38、小教室 7、休息室（Lounge）4、HB24	
			空间特征	由 HB、休息室（Lounge）组成的 4 个 House（生活空间）和由 8 个学科组群组成的学科教室（学习空间），以挑空的学校街道相互连接	
			学校背景等	新设立之学校，包含日间部及夜间部	
HR 为中心的专科教室型		B校：二楼平面	建校年份	2001 年	新通用空间
		HB：Homebay	校舍	新建校舍（2001—）、2 层楼	
			全校学生数（系统数）	714 位（6）	人文国际, 自然科学, 福祉, 教育, 资讯科学, 技术, 农业
			基地面积	76 221 m²	楼地板总面积 18 120 m²
			教室种类及数量	HR 教室 18、专科教室 27、小教室 5、农场 1	
			空间特征	教师之间夹了 FLA 及 HB 空间，可以开展多样的活动。以体育馆为中心构成洄游性高的空间。专科教室与 HR 教室之间借由 FLA 及中庭连接	
			学校背景等	因地区的学生减少，而重新编制了 W 高中及 K 农业高中	
	单边走廊型	C校：一楼平面	建校年份	1995 年	标准设计
			校舍	新建校舍（1989—）、3 层楼	
			全校学生数（系统数）	463 位（6）	国际教育, 自然环境, 社会福祉, 电脑商业, 机械技术, 资讯系统
			基地面积	68 801 m²	楼地板总面积 10 924 m²
			教室种类及数量	HR 教室 12、专科教室 17、小教室 2、大教室 3	
			空间特征	原有常规型校舍的转用。校舍内中央楼梯下空间为共用大厅。另有 4 栋实习大楼	
			学校背景等	受到少子化影响，近年招生数减少	

HR—教室，S—专门教室，T—教职员室，L—图书室，G—体育馆

B 校是由创造许多先驱型学校建筑而著名的建筑师设计，在以体育馆为中心的巨大平面中，加入专门性学科的功能。学习集团是以教室为基础，并以此为起点连接校舍内各空间的弹性学习区域（Flexible Learning Area，FLA），可从普通教室看到专科教室，是洄游性较高的平面配置。与其说是单纯从明确的图解来整合各部分，不如说整体是被 FLA 的通用空间连接，也可说是根据新通用空间（New Universal Space）来做整体统合的建筑。

作为这两者对照的 C 校，拥有与传统学校相同形式的单边走廊与条状校舍，是依单边走廊的标准设计策划的旧职校建筑再利用，其校舍构成包括单边走廊型的本校舍及实习用的四栋分楼。

此调查是对 A、B、C 校的学生进行的对整体学校生活的问卷调查（有效回答1295 份），问题包括：校舍、朋友相处、对学校的喜好等。再在其中 47 位学生协助下，进行了详细的意识调查。后者的调查方法之一是交给他们一次性相机，请他们拍摄在意的场所，通过拍摄的结果，探讨学生对学校空间的解读能力及对学校的意识。

根据学生的活动而明白的事

1. 年级上的差别

首先通过问卷来看学生全体的动向。综合学科高中一年级时，学校会为学生提供基础的学期课程，从二年级开始学生才可以自由选择科目，因此学生在一年级时隶属于各自班级，同时需思考升上二年级后要选择的科目；而二年级以上的学生同时隶属于各自班级与所选科目，两者状态会有一些变化。因此综合学科高中的学生需调配并行的各个课程，并且在双重归属的情况下进行自我管理，此为综合学科高中独特问题的原因，这也反映在调查的结果中。二年级以上的学生们不只拥有各自班上的朋友，也会与他们一年级时曾一起烦恼于课程选择的朋友来往（图6-1）。这种倾向在 B 校特别明显，是因为在 FLA 与 HR（Homeroom）前方等开放空间有许多学生的自由空间，可以看到在这样的平面计划影响下，会有学生和其他班级的朋友一起共享午餐的情况。

另一方面，A 校各空间很明确地被各功能分区接合而具有魅力，调查结果是男生会待在"House"里的 HB 空间，女生则会待在休息室或是 HR 中，各空间有固定停留的群组。设计者原将"House"定位为班级交流的起点，结果却是男女各自占有空间，导致交流被切断了。其中以 HB 作为据点的几位男同学在上课之外的活动几乎都在这里展开，因此显现的问题是他们不太会进入专科教室的区域（表6-2）。

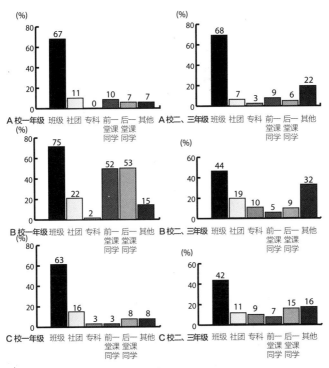

图 6-1　午休时在一起的朋友

表 6-2　领取午餐的地方（男女分别统计）

项目	A 校		B 校		C 校	
	男生	女生	男生	女生	男生	女生
总数	128	217	268	353	111	179
HR 教室区	38.3% 25.8%	45.6%	63.8%		79.0%	
HB	32.8%	1.4%	4.1%	5.1%	——	——
休息室、FLA	10.2%	29.0%	8.2%	16.1%	——	——
专科教室	1.0%	0%	5.2%	3.7%	1.8%	1.1%
其他区域	30.5%	24.0%	10.4%	17.6%	14.4%	22.9%

2. 学校的活动场所

接着探讨各校的平面图，观察学生将何处作为活动场所。A 校将各空间依据功能分割成小部分，学生们遵从教科教室型的课程巧妙地分别使用这些小空间。总体而论，这些小空间是根据功能分割的，再依照课程连接。但如前面提及的，为了形成学校生活的中心而设置的 "house" 各空间，现实中却是男女分别使用，没有完全达到原来的预期。

另一方面，B 校的共有空间容许多样行为的发生，让各功能空间和缓地连接，使用上的功能区分与 A 校相比较不明确，因此大部分学生还是将教室作为基础据点，也可以看到有学生通过连续性的 FLA 空间，让一些活动延伸到专科教室区域。如前所述，学生在午餐的群组中也会有和一年级时的朋友保持联系的倾向，这是因为这种开放空间容易和任何人相遇，也就创造了这样行为发生的可能性（图 6-2）。

一般，较活泼的学生的活动场所会较多，若以这样的指针来看，学生特征和学校空间的关系如何呢？我们来看一下年级与活动场所数量的一般关系（图 6-3），在使用旧有校舍的 C 校中，可明显看出，年级越高，活动场所越多，学生在学校地位的提高和其势力圈的扩大是有关联性的。而被精心设计的 A 校、

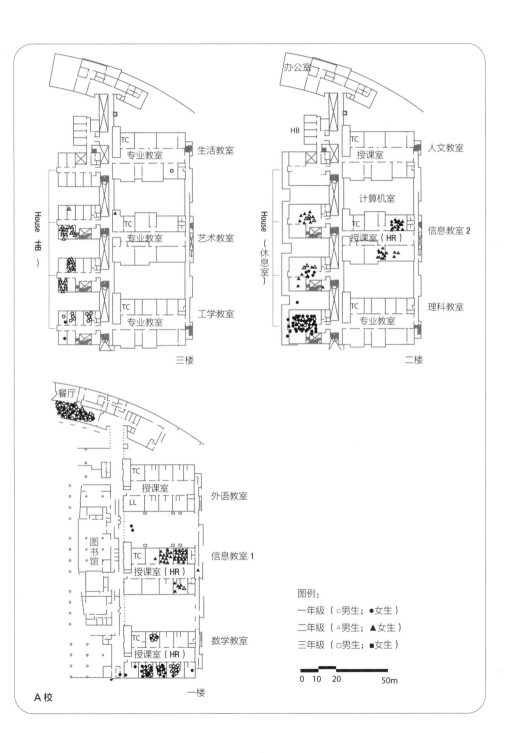

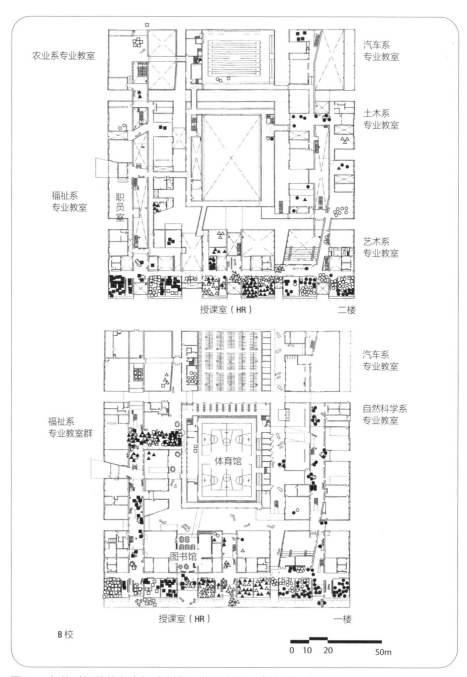

图 6-2 午休时间的停留空间（制作：谷口太郎、金城瑞穗）

B校存在着和C校不同的秩序，很难直接读出年级与活动场所数量之间的关系。

3. 照片调查与面对面访谈

因为各种复杂因素，很难一概而论地说行动和空间之间有一致的关系，然而参与此调查的学生提供了许多校内的活动据点，并在校内拍摄了许多自己喜欢的场所，姑且将他们视为积极使用学校空间的一群学生吧。这类学生集中于空间策划上富有巧思的A校和B校，A校的空间依据功能区分，各年级学生都拍摄了很多有趣的场所，解说也非常丰富。整体而言，似乎可看出活动据点的数量及其对空间的解读能力两者间的关系（图6-4），这种倾向也与拍照张数较少的C校相同。但在以开放空间为主体的B校，两元素之间没有强烈关联性。其据点数量与其说和空间解读能力有关，倒不如说与在开放空间开展的人际关系更为密切吧。

这是通过面对面访谈方式得知的，这对学生对学校的评价也会有影响。A校、B校学生大部分使用分区的空间，整体对学校是高评价的。但这两所校还是存在少数低评价且有各自不同的状况与倾向。A校的低评价来自于不适应专业课的学生，B校则来自回答"朋友较少"与有相关人际问题的学生，特别是后者，他们无法适应在自由自在的开放空间中以团体方式进行午餐似乎是低评的主要原因。

为何图解没有作用呢？

A校细心地区分功能且构筑不同空间，最后产生男女使用分区的现象，这和一开始设计时的预期不同。各空间的功能是根据学科（学科教室型的运作）划分的，但现实中也有对这样课程（Program）适应不良的学生。这种对于课程的反感，让他们给予学校低评价，表现在占用HB细分之小空间的行为，在空间使用的层次（Layer）上呈现反抗的状态。

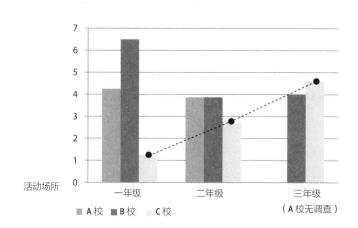

图 6-3 学生的活动场所及年级

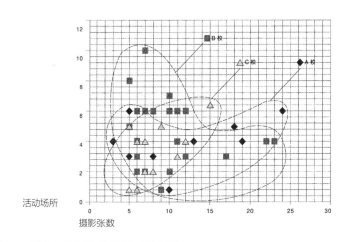

图 6-4 学生的摄影张数及活动场所数

而 B 校是以类似缓冲的空间（FLA 等）连接了各功能区，因为无论在空间上还是在功能上都是连续性的空间关系，无法像 A 校那样确认使用分区。对这样开放连续空间的不适应，主要是那些在空间中各自展开的午餐小团体。以上对学校的低评价问题来源是不同的。

在依据图解而设计的建筑里，Program 是能让图解发挥作用的必要存在，但图解的新形态致使出现了更多要求，让 Program 设定变得更强烈，因此出现了这些无法适应强烈设定的学生，他们占据了空间，让整体空间变调而产生负面反馈。

另一方面，以新通用空间（New Universal Space）为依据的建筑，是借由习惯的力量及行为设定（Behavior Setting）来统合全体的，因此功能得以和缓地作用，表面上难以发现整合不佳的地方。但另外的问题是还有少数学生不适应在通用空间里自由地展开活动。伊藤俊介表示，乍看这是一所开放的小学，但通过仔细的调查会了解到，这样的空间让学生的人际关系有各种可能性，实际上是一个残酷的活动场域。似乎在 B 校的开放空间也有类似的问题。这有点像丛林里的动物形成各个族群，互相牵制，无法适应的学生就会被排斥。如同第一章提到的勒·柯布西耶"高贵野蛮人"（Noble Savage）的例子，开放式空间的可能性强烈依存于空间使用者的志向及能力。

当然，尽管有少数学生不适应，但大多数学生仍愉快地使用着这样的新型空间。整体而言，A、B 两校的新试验是成功的。普通校舍中，被挤压在狭窄教室与走廊的学生们，存在某种放弃将校舍当作生活场所的感觉，这些讨论绝不意味着只要盖普通的学校就好。如第一章所述，夸张一点地说，如果说普通学校的学生没有在空间互动的可能性，那么这样的环境实则更为残酷。

然而，这个功能的分化可能会产生预期外的结果，且具脆弱性，这也显示了建筑策划在使用图解手法上的局限。虽然明确的图解有助于细心地构筑空间，但人是不会按策划者所想的那样自由自在地活动。这件事让我想起建筑评论家诺伯格·舒尔茨的警句："规定功能是为了确定功能的形式，而功能主义却让功能更孤立……功能主义的建筑很容易退化，机械式地排列成七零八落的碎片。"

第七章
良好的空间可以将人与人联结，并使其成为社群的基础

迈向社群（Community）：起居连接形式
（Living Access）的反思

S市营A住宅

交流的增加

隐私的调整

生活的质量还是会改变的

隐私概念的反思

迈向社群（Community）：起居连接形式（Living Access）的反思

我们已经看到，利用空间的力量来操控人的行为是困难的。空间和人互相影响且只有微弱的协调力，直接对人的行为产生有效作用的是 program，如课程表或校规等。因此，当使用者感到和功能间不协调时，容易反感，他们的反感通常会表现在占用空间成为地盘等方面。而这也是列斐伏尔"空间的实践"的一个方面，但这并不代表细心地创作空间是没有价值的。在第二章的论述中，空间的存在和人的生活或生存有密切的关联，建筑的构筑也应该存在多种可能性。第五章提及的封闭最小单元（Cell）型住宅，让依此形式大量构筑的集合住宅出现很多问题，本章将试图探求可以避免这样负面结果的方向。

说明实例之前，先从相关研究的成果开始探讨。前面已提到住宅内外连续的重要性，实际上在研究领域已有多样试验。小林秀树在铃木成文的指导下学习建筑策划，他的研究显示，植栽或生活用品等渗透到外部空间越多，居住者越安心。古贺、橘等研究者通过研究，明白了通过居住行为让空间领域化的实际面，及其复合式性质的部分。其他还有隐私、邻居、福利服务等各种从入口开始探讨居住生活的结构研究。

依据这些既有研究，可以了解到向外部的渗透是重要的因素，而内外的界面与居住空间内部的空间秩序间有很深的关系。另一方面，在这样封闭性倾向较高的住户单元里孤独死等问题急需改善。为了解决这些问题而发展出起居连接形式（Living Access，以下简称 LA）（图 7-1）。实际上 LA 的玄关被配置在起居室侧边，而让居住空间对小区的社交空间开放的手法，是对原本用于独栋住宅中的南侧出入口的空间连接方法进行重整，并应用在集合住宅中。

日本真正采用此种形式的最早案例是 1978 年的"公团葛西"（现称：葛西，Clean Town）（图 7-2）。这是一个玄关有些许高低差，起居室朝南，同时能保护隐私的不错的策划。然而它很难达到现在已经普及的无障碍要求，成本也相对较高，因此并未普及。

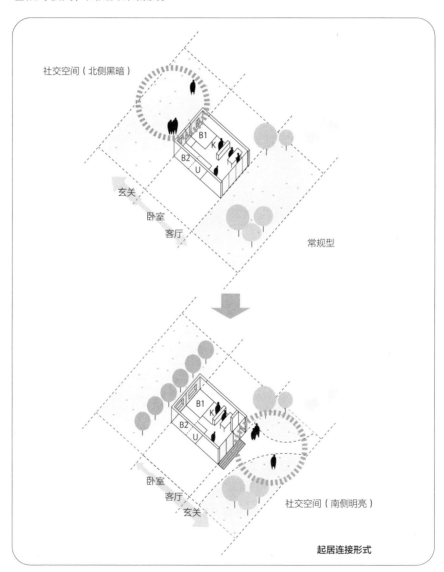

图 7-1　起居连接形式（Living access）的概念

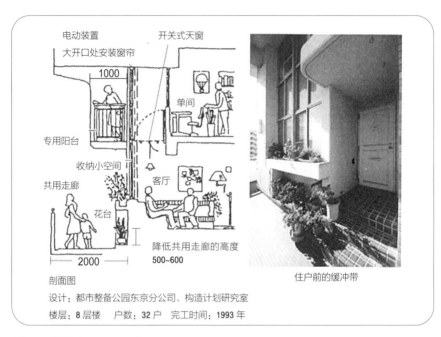

电动装置　　开关式天窗

大开口处安装窗帘

1000

单间

专用阳台

收纳小空间

共用走廊

花台

客厅

降低共用走廊的高度

2000

500~600

剖面图

住户前的缓冲带

设计：都市整备公园东京分公司、构造计划研究室

楼层：8 层楼　　户数：32 户　完工时间：1993 年

图 7-2　葛西（Clean Town）

S 市营 A 住宅

此种情况下，2003 年完成的 S 市营 A 住宅是由 S 市公营住宅科与建筑师阿部仁史合作，它和传统型住宅面积几乎相同，且活用了 LA 概念，是各户独立，却不孤立的集合住宅设计（图 7-3、7-4）。

此小区是由 50 户组成的三层楼，是楼梯间南北向的并列住宅，创造了大部分住户直接连接中庭并共用露台的形式，在南面拥有共享空间，两通廊贯穿连接各住户，各层的楼梯间以南北向连接，从廊道可以直通各户起居室。剖面形状是楼层越高越往北侧退缩，中央单元的一楼规划为停车场。约六成住户是从南北轴线的贯通通路进出的 LA 形式，除了将住宅的横边宽度拓宽之外，也尽力减少起居室的隔间，使空间得以自由使用。以下将基于笔者对此住宅居民在搬入前后生活变化的研究，思考环境与生活之间的关系。

图 7-3　S 市营 A 住宅外观

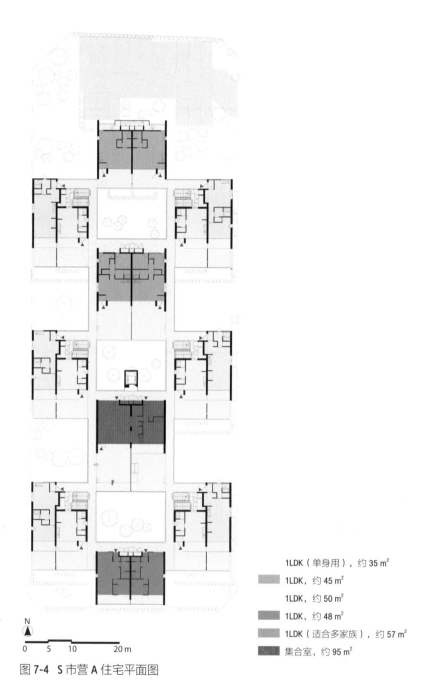

1LDK（单身用），约 35 m²

1LDK，约 45 m²

1LDK，约 50 m²

1LDK，约 48 m²

1LDK（适合多家族），约 57 m²

集合室，约 95 m²

N

0   5   10   20 m

图 7-4 S 市营 A 住宅平面图

交流的增加

为了了解住户搬入后对小区的影响, 首先来看居民之间互动的变化 (图7-5)。进住此住宅后, 家和家之间的往来更为频繁, 站着聊天分享食物的习惯增加了约20%, 居民间的互动整体来看是增加的。

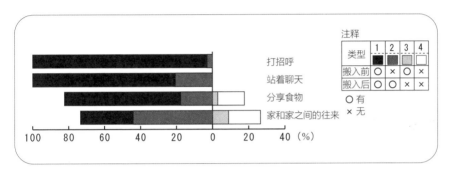

图 7-5 S市营A住宅里居民之间互动的变化

这样的变化模式大约可分为六种类型 (表7-1):

(1) 活跃交流持续型: 搬入前后和邻居的交流都属活跃的类型。

(2) 活跃交流变化小型: 在搬入前和邻居的往来已相当活跃, 搬入后更加活跃的类型。

(3) 活跃交流变化大型: 搬入前没有那么活跃的交流, 但是搬入之后开始跟邻居互动的类型。

(4)局限性交流变化大型: 搬入后开始偶尔和邻居站着聊天或分享食物的类型。

（5）局限性交流无变化型：搬入前家与家的往来频率低，而搬入后没有显著变化的类型。

（6）活跃交流取消型：搬入后停止家与家之间往来的类型。

我们来看各类型的特征：（1）S 市率先让父母与已成家孩子同住的家庭优先进住同一个小区的"双世代入住家庭"，或是原先在公营住宅中彼此感情就很好的群组。（2）从民营集合住宅转入的育儿族群，以及来自其他公营住宅，但因工作坊（Workshop）而与其他住户有较深交流的居民。（3）从民营集合住宅等搬入，被这个活泼小区推动的族群。以上（1）~（3）中和邻居互动增加的家庭达到全体的 71.8%。（5）多为全家从公营住宅迁入，生活上不想有变化的高龄者家庭。（6）从原本的社区拆离，对积极参与新小区交流有所犹豫的族群，此两种类型皆是原住在私人租屋的迁入者。

而在此小区内主要有两个族群带动交流（Communication），一为有学龄前儿童的家庭群组，二是有担任居民委员会干部的高龄者家庭群组，使两者有所交集的是前面提到的双世代入住家庭。

表 7-1　S 市营 A 住宅里居民之间互动变化的类型

居民间的互动相处之类型	户口人数	家庭构成	连接方式	搬入前的住宅	居民之间互动的变化			
					打招呼	站着聊天	分享食物	家和家之间的往来
○ 1. 活跃交流持续型	4	夫妻+小孩	LA	独栋	1	1	1	1
	4	夫妻+小孩	LA	民营	1	1	1	1
	1	独居	LA	公营	1	1	1	1
	2	夫妻	BA	公营	1	1	1	1
	2	夫妻	BA	公营	1	1	1	1
	2	母子	BA	公营	1	1	1	1
	1	独居	LA	独栋	1	1	1	1
	1	独居	LA	民营	1	1	1	1
● 2. 活跃交流变化小型	4	夫妻+小孩	LA	独栋	1	1	1	2
	3	夫妻+小孩	BA	民营	1	1	1	2
	3	夫妻+小孩	BA	民营	1	1	1	2
	3	母子	LA	民营	1	1	1	2
	2	母子	BA	公营	1	1	1	2
	2	夫妻	BA	公营	1	1	1	2
	1	独居	LA	公营	1	1	1	2
	1	独居	LA	公营	1	1	1	2
◎ 3. 活跃交流变化大型	1	独居	LA	独栋	1	2	2	2
	2	夫妻	LA	民营	1	2	2	2
	2	夫妻	LA	独栋	1	2	2	2
	1	独居	LA	民营	1	2	2	2
	2	夫妻+小孩	BA	民营	1	2	4	2
	2	夫妻	BA	独栋	1	1	2	2
	2	母子	BA	民营	1	1	4	2
▲ 4. 局限性交流变化大型	3	夫妻+小孩	BA	民营	2	2	4	4
	2	夫妻	BA	独栋	1	2	4	4
	1	母子	LA	公营	1	1	2	4
△ 5. 局限性交流无变化型	1	独居	LA	公营	1	1	4	4
	3	夫妻+小孩	LA	公营	1	1	1	4
	2	父子	LA	公营	1	1	1	4
× 6. 活跃交流取消型	3	夫妻+小孩	LA	民营	1	1	1	3
	2	夫妻+小孩	BA	民营	1	1	1	3
	1	独居	LA	民营	1	1	3	3

注释

连接方式：

LA：起居连接形式（Living Access）。BA：北侧进入（Back Access）。

搬入前的住宅：

民营：民营公寓大厦。公营：公营住宅。独栋：独栋住宅。

居民之间互动的变化：

1：○○搬入前后都有和邻居交流。

2：×○搬入后开始有和邻居交流。

3：○×搬入后没有和邻居交流。

4：××搬入前后都没有和邻居交流。

隐私的调整

LA 形式被认为存在一定的保护隐私方面的问题，，此集合住宅在增强隐私保护方面的空间调整，可分为四种类型（表 7-2）。

表 7-2　S 市营 A 住宅，隐私的调整及空间调整的类型（制作：北野央）

视线的调整方法		居民间的互动相处之类型	视线的感受意识	连接方式	邻接空间	搬入之前	家族构成	户口人数
Ⅰ 缓冲领域构筑型		○	×	LA	通道	走廊	独身	1
		△	×	LA	阳台	公营	父子	2
Ⅱ 开口部调整型		▲	◎	LA	阳台	公营	独身	1
		△	◎	LA	庭院	公营	夫妻+子	3
		×	○	LA	庭院	走廊	夫妻+子	3
		×	△	LA	阳台	走廊	独身	1
		●	×	LA		公营	独身	1
Ⅲ 内部环境调整型	Ⅲ-1 可动边界中央型	○	×	LA		公营	独身	1
		◎	×	BA	外部空间	公营	夫妻	2
		○	×	BA		公营	母子	2
	Ⅲ-2 固定边界中央型	○	◎	LA	庭院	楼梯	夫妻+子	4
		○	×	LA	外部空间	独栋	独身	1
		×	×	BA	阳台	走廊	夫妻+子	3
		◎	×	BA	外部空间	走廊	母子	2
		●	×	LA	外部空间	独栋	夫妻	2
Ⅳ 生活对应型		◎	×	LA	外部空间	走廊	夫妻	2
		◎	×	LA	通道	独栋	夫妻+子	4

注：

居民间的互动相处之类型 ○：活跃交流持续型。●：活跃交流变化小型。◎：活跃交流变化大型。▲：限定交流变化大型。△：限定交流无变化型。×：活跃交流取消型。

视线的感受意识 ◎：会在意。○：偶尔在意。△：不太会在意。×：不在意。

连接方式 LA：连接起居（Living Access）。BA：北侧进入（Back Access）。

搬入前的住宅 走廊：北侧走廊的集合住宅。楼梯：楼梯室型集合住宅。公营：楼梯室型集合住宅（公营）

家族构成＿＿：亲子近居户。⑦：已经就业的孩子。

Ⅰ型（11.8%）是将盆栽柜和帘子等作为遮蔽物，设置于起居室与户外交接的空间处，这情形只适用在一楼住户。过去在阳台孤独地做着只因兴趣而进行的园艺或盆栽工作，搬到这里后情况发生了改变，这些兴趣变成了触发邻居间互动的契机。积极使用外部空间的多为男性，这可能与他们的空间操作能力较佳有关。

Ⅱ型（29.4%）是使用窗帘等控制住户的内外界面，可谓最具防御性的家庭。约占整体的29.4，仅次于比例最高的Ⅲ型。以LA住户来看，多为面向中庭的年轻小家庭及女性独居家庭，因此是对小区有距离感或对视线敏感的女性为中心构成的群组。

Ⅲ型（47.1%）是利用家里的家具摆设来保护隐私的类型，约占半数。积极与邻居互动者的比例也较高。

Ⅳ型（11.8%）以调整生活方式作为对应，没有特别使用家具或窗帘的家庭，从外面看他们是开放式的居住方式。

最具防御性的Ⅱ型家庭和邻居的往来程度虽有局限，但他们的想法是"自己对交际虽消极，但大家感情好是好事"，在共鸣与非共鸣之间摇摆。在实际小区活动中，此群组会参与楼梯间的打扫等，视情况选择性参与小区活动。

这样的界面调整是应对隐私保护的选择之一，回应了不想被看见，但又担心孤独死，能关照在外面玩耍的小孩很好，但又担心厨房会被看透等矛盾的心理状态。由此可见，隐私保护不只关系到自己是否暴露在他人视线之下，或看到他人的单纯议题，对小区的评价或是在各自场所中的日常生活都会相互缠绕并影响到隐私的保护。

生活的质量还是会改变的

图 7-6 可看到搬家前的住宅是北向走廊的结构"北……玄关→寝室→起居室……南",搬到 LA 住宅后是"北……寝室←起居室←玄关……南"。传统住宅中的玄关空间未被充分使用,接着就直接连到安全感不高的寝室空间。而在 LA 住宅中,寝室是位于最里面的私密空间,因此靠近玄关的居住空间开始联动其他功能,生活内容发生了变化。

然而,日常生活常被强大的习惯所驱动,一般即使改变了房间大小及出入口方向,也不会改变原本的生活设定。在此我们观察用餐、就寝、休憩等基本生活行为,以及电视机与座位的关系、家族成员座位位置等在搬家前后的变化并将其分类为:完全不变的"维持型"(约占 40.0%),维持整体构成但生活行为稍有变化的"调整型"(约占 26.7%),基本上生活行为有变化的"变化型"(约占 33.3%)。其中"维持型"仍占最高比例,且高龄者占大多数。相对的,搬入住户单元跨度较宽的家庭都是"变化型",表示住户单元的跨度变化较直接反应在生活形式上。回答"调整型"的皆为 LA 住户,此明显显示 LA 住户必须对连接小区的界面有所反应。

实际上"维持型""调整型"两种类型所占比例超过六成,家族构成及居住空间构成若没有太大变化,换新住所后的生活也不会有太大变化。但若考虑到"调整型"的都是 LA 住户,我想的确存在"生活方向的变化→界面条件的变化→'调整型'"的机制。此外,培育盆栽等对内外界面的调整不只保证了隐私,也有制造交流契机的功能,如此即解决了丈夫在餐厅中寂寞地吃饭及高龄妻子与外部保持联结的问题[1],这就是这个住宅改善了生活的例子。

---

1 在非 LA 的传统集合住宅空间中,餐厅空间比较独立且封闭,因而有了下班晚归的丈夫独自用餐的场景。高龄妻子则是作者在调查时遇到的情况之一,原本活泼的女士却在年事渐高、行动不便后,长时间卧床,失去与外部的连结。

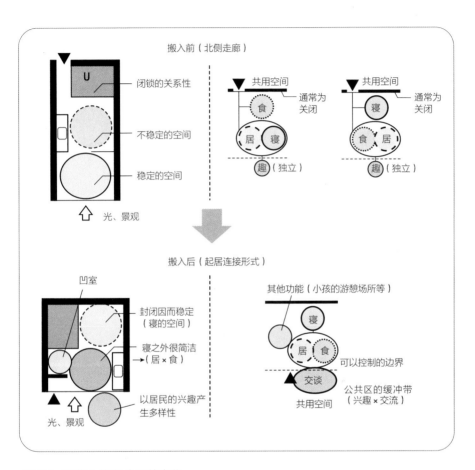

图 7-6 市营 A 住宅 生活的变化

隐私概念的反思

环境学者奥特曼（Altman）曾说隐私包括以下三个面向：

（1）A Dynamic Dialectic Process：个体与共体之间辩证的相互作用；

（2）An Optimization Process：优化的过程；

（3）A Multi-mechanism Process：控制界面的过程。

引领这个小区的人表面上并不在意隐私，另一方面，独居女性家庭等特别在意的与（1）有关，Ⅱ型利用窗帘或家具调整界面的行为与（3）有关。根据各状况作出反应的Ⅰ型或Ⅳ型的例子符合（2）而衍生出创造性的行为。隐私不是单纯的"看"和"被看"的关系，有了以上这些顺应变化的操作，表示居住者已被启动去参与环境全体。

访谈内容中"听见小孩在玩耍的声音是好事""我自己没有参加，但我知道他们在活动室办活动"等，通过各种活动，居民可以观察别人行动而有某种程度的考虑，这样的氛围即是在小区整体上酝酿一种"意识（Awareness）"。依此来看，全体的"感情""意识""行为""空间"等互有关联，产生了多层次重叠的状况（图7-7）。社会学者尼可拉斯·卢曼（Niklas Luhmann）曾说，"信赖"具有缩减社会关系复杂性的效果。在这里发生的是借助"信赖"，环境本身可以接纳或创造社会关系的状态。良好的空间可能是让这些形成人际关系的力量拥有满满发动机会的环境吧。

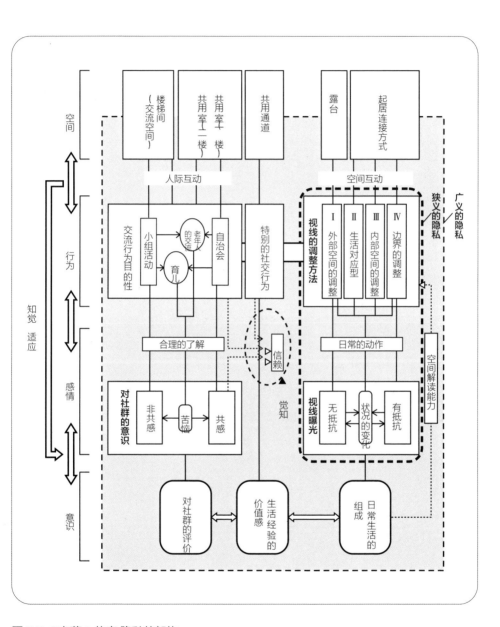

图 7-7　S 市营 A 住宅 隐私的架构

第八章

良好的空间背后存在着良好的运作及管理

行为、功能、空间、营运

仙台戏剧工作室 10box

东北大学百周年纪念会馆

行为、功能、空间、营运

至此所述，空间具有一个独特的性质，即必须投入充满活力的行为才得以成立。为了让这样的行为在实际建筑中发生，最理想的状态是使用者们分享共有空间解读的能力，同时营运方也必须让空间保持在适当的状态。在活动系统（Activity System）上让使用者能流畅地跟随功能，因功能和空间有同步关系，而行为设定（Behavior Setting）的部分具细腻的特质，可以让人适当地发生自发行为，因此空间需要被细心维护，营运者的管理能力与空间中的使用者行为是一体两面的状态。营运者（Manager）和建筑师共有这个"空间"的概念，是和他们的专业能力联结在一起的，第三章也涉及及此部分。这代表与建筑师和营运者间的联系也是建筑策划师的工作。

原本理想的策划体制是从一开始时就同时进行硬件构成和营运机制的设计，但现今日本可以做这样安排的机会并不多。主要原因有：（1）两者有不同的专业理论，（2）建筑和营运的研讨有时间差，（3）这样的机制具有幕后工作的潜质，因为有不易被看见等种种障碍，故不容易被讨论。因此笔者在本章稍微脱离狭义的建筑策划师专业，以项目管理者角色参与的文化设施作为实际运作的案例，进而思考营运及策划之间的关系。

仙台戏剧工作室 10box

介绍的第一个案例规模虽小，但此处不断举办工作坊，拥有草根般的本地力量，因而组建了良好的运作机制。

基地位于仙台市区东端卸町团地（小区）内，2002 年 6 月开幕的新建部分共有 600 m²，改建的部分不到 400 m²，是供市民进行戏剧创作的空间（图 8-1）。基本设计由日本东北大学建筑计划研究室负责，设计者为八重樫直人与 Normnull office，由仙台市文化振兴事业团经营。此案虽小，但在日本被

外观

户外平台

图 8-1　仙台戏剧工作室 10box

认为是国内最成功的戏剧练习设施之一。策划者从早期构想时期就与将来使用的戏剧相关者、负责营运的民间协助者、长期支持戏剧创作的财团负责人，及市政府相关者一起进行了多次沟通讨论。也就是说，现在之所以获得高评价是因为其前瞻性的营运方式，以及使用者一起参与了策划的过程。

1. 条件的确认

但整体来看，本案的出发点与一般情况不同，要点如下：

（1）废弃设施的再利用：这里原为废弃的仙台市卸町勤劳青少年中心，在制度修改和使用功能改变后，开始讨论其建筑物和基地活用的可能。因此它的最初设定并非新建案，而是变更现有设施的功能，资金成本比起新建案少很多。

（2）以公共设施为戏剧提供据点：该设施主要功能的设定是戏剧创作的据点，当时仙台市戏剧事业的经营已超过 15 年，他们希望由仙台发行的当地戏剧可以广为传播，因此进行此设施计划时已有许多演员、行政人员、市民（包括研究者）的合作网络，对戏剧创作有了高度关注。

换句话说，本案起点的目标很高，但预算极低，为了填满这样不合理状况的落差，需要相关者创造性地持续参与其规划过程。

2. 营运的研讨

公共设施的用户是不特定的，但在低预算的状况下只好缩小目标范围，然而此案却可以维持"创造高质量戏剧的据点"的高目标，那是因为策划时已存在自觉性地使用空间的人，再加上有核心概念和社会上的共识，这些都能影响到本案的目标。因此此策划考虑到时间有限，决定不使用传统委员会方式，而是根据演员和相关者的工作会议（workshop）及建筑计划研究室成员迅速的回馈，以实践性方式进行（图 8-2）。如此这般，核心成员共有的此案的任务为："优秀作品由此诞生，让市民享受仙台戏剧的魅力"，经过严谨的讨论，并和不同对象分别确认目标达成的可能性。

当然，为了达到提升戏剧质量的目标，必须了解戏剧具体是如何被创作的。幸

① 2001 年 1 月 30 日 第一次工作会议

在这个场所能做什么呢？——实际体验 600 m²

首先，从预算与规模推算，可建设的面积上限为 600 m²，然后在实际基地上（当时是网球场）画出 600 m² 的范围，让参与者实际感受面积大小，以每个人各自的感受深切思考这个场所能做的事。以现有设施作为基准进行比较，对于所希望构筑的空间进行自由的讨论。

② 2001 年 2 月 3 日 第二次工作会议

一起思考排演空间的量

在勤劳青少年中心体育馆之中，实际画出各个空间的大小范围，一起讨论排演的各阶段所需的空间宽度和高度。

③ 2001 年 2 月 28 日 第三次工作会议

一起讨论实际的工作空间

依照上一次的做法，框出实际面积的范围。并讨论在此发生的行为，以及行为的连接上是否有问题，实际放置工作所需之平台或道具，讨论各个地方的大小，及其空间与外部的连接关系。

思考大练习室的可能性

讨论原有设施内约 200 m² 的大练习室的使用方式，讨论如何修改此空间。

④ 2001 年 3 月 15 日 第四次工作会议

再一次审视整体之架构

再度在全体讨论之中确认从①至③的工作会议时大家所提出的意见和想法，重新审视各空间到整体的计划。切实地以实现高品质戏剧为目标，认真讨论其优先顺序。

图 8-2　仙台戏剧工作室 10box 计划工作会议的流程

运的是研究室对仙台市的文化创作活动及空间关系的持续调查，已累积了戏剧创作的相关知识（图 8-3）。应用这些知识整理了必要的设置条件：长期使用排练场的保障、适当规模的彩排空间、设名为"shop"的工房、戏剧数据库、事务局的积极营运等（图 8-4）。

排演

从读剧本开始，排演也慢慢地具体化。因此导演的位置相当的重要。而在实际表演的场所排练之优点是可容易掌握其空间感。

制作

整个空间变成工作室。这是决定戏剧品质的关键步骤，因此非常重要。然而此工作空间很难同时用于排练。

表演

不只需考量舞台周边空间、观众席的充裕及观众从入场到进行表演的流程，还需确保照明与音响空间等，存在非常多的空间议题。

庆祝

这是剧团人员的活力泉源，也是和观众交流的珍贵场所，还是重要的评论空间。

图 8-3　戏剧的制作现场范例

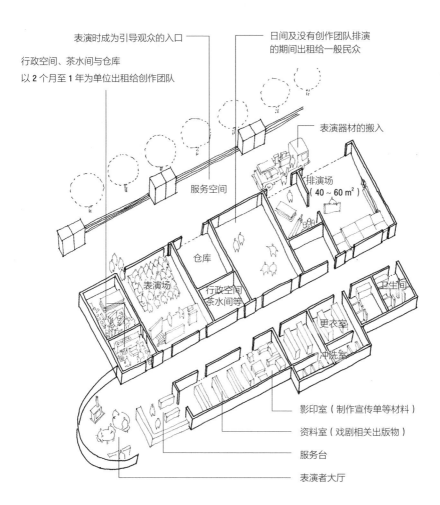

表演时成为引导观众的入口

日间及没有创作团队排演
的期间出租给一般民众

行政空间、茶水间与仓库
以 2 个月至 1 年为单位出租给创作团队

表演器材的搬入

排演场
（ 40 ～ 60 m² ）

服务空间

仓库

表演场

行政空间
茶水间等

更衣室

卫生间

冲洗室

影印室（ 制作宣传单等材料 ）

资料室（ 戏剧相关出版物 ）

服务台

表演者大厅

图 8-4　戏剧创造之设施范例

3. 各功能的整理

整备了对应不同阶段排练的不同的练习室，并依据以往调查所累积的空间尺寸数据，计算各练习室的必要高度、基本长短边的尺寸，并且重复进行演员和实际尺寸设定的空间实验。对于空间的营运管理，参考了当时已 24 小时开放并运作良好的金泽艺术创造馆，搜集其资料来调整此案的必要项目。因为希望将以前不会设置在一起的制作工作室也纳入此排练空间，于是通过听取剧团的意见等并加以整理，从了解设备开始设想其营运方式。因此，本案依据具体的戏剧创作事例，让设计者、预定营运者以及相关人员之间充分讨论，可事先详细调整各设施的功能。

在这样的过程之中，如何克服低预算高目标的矛盾呢？那就是必须了解理想与现实之间的具体距离，并了解这不是一般方法可以解决的。此栋建筑虽为公共设施，但取消了走廊，且早期没有装设空调设备，这也是它可以在这样的激进架构下实现的原因。

另一方面，因为没有走廊而担心不能满足剧团间交流的功能，在经过充足考虑后决定在空间中央设置户外广场，可日常性地唤起场所里自然聚集的交流行为。这个广场平台是用木材铺设的（图 8-5），实际上这个决定在预算有限的情况下是有执行上的困难的，最后只好将空调的设置时间往后延，开放后的第一个夏天确实让使用者难耐。然而开放之后人们对平台的评价是正面的，至今仍常在这里举办如庆功宴、交流会等活动，使用率很高。

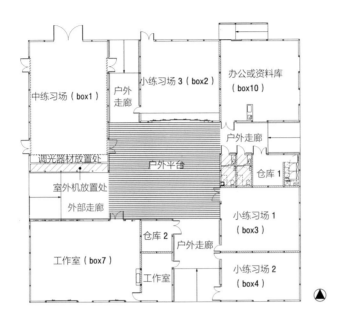

图 8-5 仙台戏剧工房 10box 平面图

4. 营运系统

以本节 2 "营运研讨的清单"作为基准，市政府相关负责部门的文化振兴科和财政科不屈不挠地进行调整并制作大纲。确认了以下具体方向：此设施定位为约 200 席可长期使用的排练场，且决定雇用营运工作人员，希望改善过去缺乏支持的两种制作（事务处制作、工作室制作）。进行设计研讨时，设计方将使用者及预定营运者一同拉入讨论；在营运研讨时，将设计方拉入，此形式实现了双向的合作。委托当地戏剧工作者联合组织的方式开始营运；接着加入了市文化振兴事业团的支持，使得此模式得以持续运作至今。

东北大学百周年纪念会馆

如前所述草根般的事业开展是相当理想的，但一般的策划运作是直接施行高层指定的管理方式。本节以大学纪念建筑事业实际营运的策划为例，探讨关于前置营运规划的意义。

1. 任务的确认

日本东北大学为了庆祝 2007 年的 100 周年生日，希望进行纪念建筑物的整修。选定改建的是因老朽化而减少使用频率的东北大学 50 周年纪念会馆、东北大学川内纪念讲堂暨松下会馆（1996 年完工），笔者在此阶段以专家身份被召集参与此案。

参与此案后，以策划者的身份进行任务的整理，并对相关者进行访谈，总结策划要点为以下三点（图 8-6）："呈现东北大学的品格""作为校友会的据点""对市民开放的设施"，这是在策划一开始就设定目标的方式，接下来的第 9 章也会对此方式进行详述。

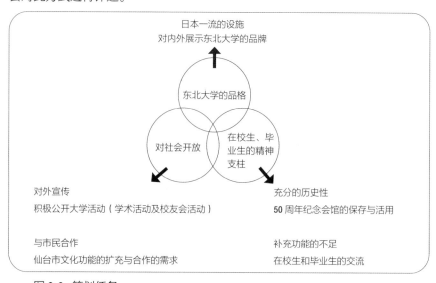

图 8-6 策划任务

2. 前提条件（法规限制）的整理

对现有建筑的改建上，面临的问题首先是需根据既有法规进行调整。在此特别重要的是三种日本相关法规：建筑基准法、文化遗产保护法、娱乐场所管理法。依据建筑基准法，只要增加楼地板面积，整栋建筑皆须符合已修改的现行法规的要求，为了避免此事，此建筑必须在原有楼地板面积范围内将会馆内容替换成现代需求的。又因为基地是一等级埋藏文化遗产所在地，若采用增建的方式则需要召开文化遗产保护法的相关协商会议，操作时间会过长，因此不予考虑。相对地，校舍用途的变更符合大学在行政法人化后希望积极发展的需求；而娱乐场所管理法非常适用于这样可随机调整的状况。特别是在其规定中，若要租借给校外团体，原本"大学讲堂"的空间用途有诸多限制，因此必须将本设施变更为符合娱乐场所管理法的设施，让营运的可能性更大，这在通过与市政府的严谨协议后得到许可。当然，表演内容需控管在适合在大学公共场所演出的范围，在这些附带条件下拥有了自由租借给校内外团体的可能性。若以这种预想的方式进行，不但可回收营运所需部分经费，还可以让市民活动和大学活动共存。

3. 概念的整理

查看这些法规运用的同时，也针对改建为博物馆、会议厅、剧场或演奏会馆进行功能研讨。这些操作要符合抗震的标准，但在数个月后公告抗震的作业内容之前，必须先决定它与功能相关的大纲，这个过程时间非常紧张。首先，在详查前提条件后明了了增加楼地板面积及另外增建的困难性，以及这些功能与现有建筑结构体的相合度，因此决定了它的功能不是一开始讨论的博物馆，而是展演厅的功能。再加上展演厅分集会、剧场、演奏会馆多种功能，经过仙台及东京的市场分析，选定以演奏会馆的展演厅为目标，它符合策划目标任务之一——呈现大学品格，且租赁市场成熟。从改建技术来看，老旧舞台整体翻新会对原有结构体造成很大负担，但若在结构可承受范围内新设或更新设备则成本很高，然而舞台周围空间极度狭窄，于是我们大胆舍弃舞台边框，这样可以让舞台更宽广，因此改造成附有会议功能的演奏厅比较合理（图8-7、图8-8）。

另一方面，需要长混响时间的演奏厅和要求声场均匀的会议厅，两者在规格需求上也有很大的差别。如果没有具体技术性策略去填补鸿沟，这个计划将只能呈现在纸面上。很幸运地，东北大学的铃木阳一教授是音响学的权威，他的参与确保了让这两者共存的技术需求。

4. 改建的项目管理

这栋建筑物是由大学负责营运的设施，但是百周年项目的发包是由财团法人东北大学研究教育振兴财团（当时）负责，此财团法人支持了东北大学的研究及教育活动，采取先建设再捐赠给大学的方式。为了使本案在有限的预算中完成，财团法人内设立的建设委员会成员展开了向企业募集资材的策划以作为支持；同时，设计团队在被逼迫的状态下持续审查价值工程（Value Engineering）的可能性。最终，本项目才打破成本常规，以高达 5000 m² 的总面积及作为大学象征设施的高要求下实现。此案是在财团法人建设委员会、设计团队（阿部仁史、小野田泰明、阿部仁史工作室、三菱地所）、大学设施部和负责建设的清水、大林、鹿岛、大成、竹中工务店的共同企业体，以及其他相关者在紧张的状态下团结的结果。

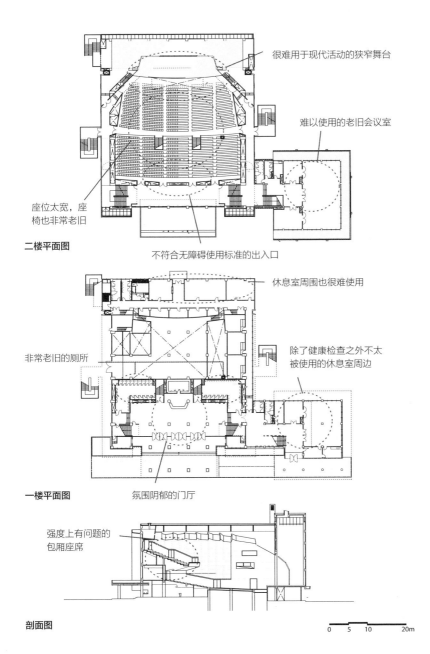

很难用于现代活动的狭窄舞台

难以使用的老旧会议室

座位太宽，座椅也非常老旧

二楼平面图

不符合无障碍使用标准的出入口

休息室周围也很难使用

非常老旧的厕所

除了健康检查之外不太被使用的休息室周边

一楼平面图

氛围阴郁的门厅

强度上有问题的包厢座席

剖面图

0 5 10 20m

图 8-7 东北大学百周年纪念会馆（改建前）

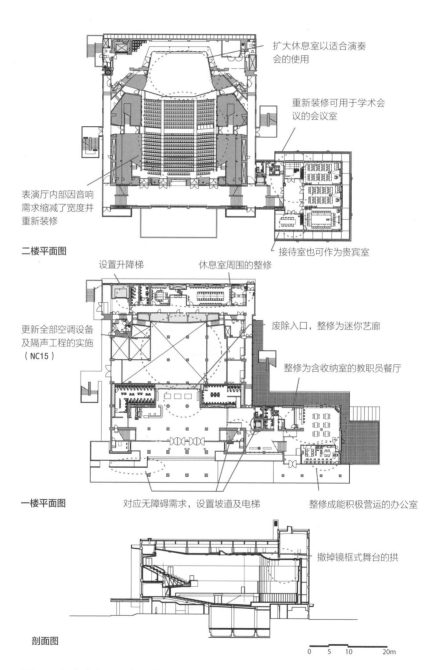

二楼平面图

扩大休息室以适合演奏会的使用

重新装修可用于学术会议的会议室

表演厅内部因音响需求缩减了宽度并重新装修

接待室也可作为贵宾室

设置升降梯

休息室周围的整修

更新全部空调设备及隔声工程的实施（NC15）

废除入口，整修为迷你艺廊

整修为含收纳室的教职员餐厅

一楼平面图

对应无障碍需求，设置坡道及电梯

整修成能积极营运的办公室

撤掉镜框式舞台的拱

剖面图

0　5　10　　　　20m

图 8-8　东北大学百周年纪念会馆（改建后）

5. 经营运作

（1）精细地进行模拟（图8-9）

为了了解运作体制，事先模拟实际营运状况也是此案的特征之一。首先讨论学校的计划、自主事业、租借等预定利用的程度，目标是模拟此展演厅365天的使用状况。接着作出如下决定：

①系列化活动的魅力（迎新月、社团成果发表月等命名及集中推广宣传）；

②专业乐团及现有活动的价值提升（为了吸引优良古典乐公演的营利活动）；

③培养大学富有个性的自主策划（演讲和演奏会的组合，密集座谈会等）。

（2）租赁收入的预估（表8-1）

讨论租赁收入程度的可能性。这是在用途变更为娱乐场所后有可能实现的部分。

（3）让营运得以实行的体制及营运成本（图8-10）

必须推进到实际执行的营运体制的讨论。当时日本的严峻状况是在独立行政法人国立大学之中，积极发展自主事业及外部利用事业只拥有奏乐堂的东京艺术大学，在经过与相关者及大学高层的认真协商后，确定了安排工作人员的必要性。特别邀请了经验丰富的前市政府员工志贺野桂一担任特任教授，他长年参与仙台市文化行政及财团法人仙台市文化振兴事业团的先驱事业，是从专业立场参与营运部分的。

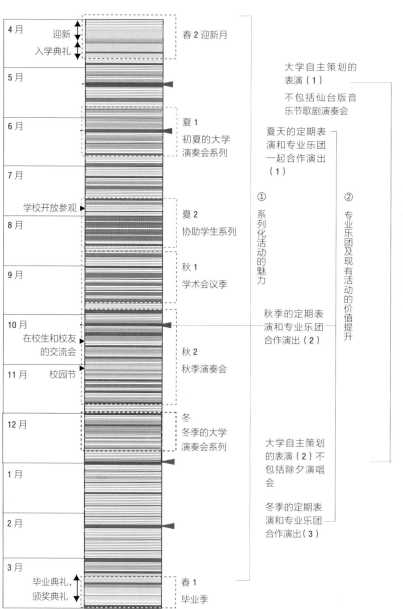

图 8-9　东北大学百周年纪念会馆预定的活动

表 8-1　东北大学百周年纪念会馆预定收入（日元）

用途	现况	预计
▨▨▨▨　校内团队的练习和表演	设施费减免(0)+附带费(约 5 万)=5 万 →	设施费减免（0）+附带设备费（约 5 万）+空调（3 万）=8 万
▨▨▨▨　校外使用者的表演	设施费（约 3 万）+附带费（约 15 万）=18 万	设施使用费 25 万 + 附带设施费（15 万）+空调其他（3 万）=43 万　以仙台市内同等级表演厅 1 日（假日全日）之使用费及附带设施费作为预估
▨▨▨▨　学术会议，国际会议		设施使用费（8 万）+附带设施费（12 万）+空调其他（3 万）=23 万

参考：K 会馆（设施使用费 38 万 + 附带设备费约 20 万）
　　　S 会馆（设施使用费 34 万 + 附带设备费 18 万）
　　　SB 会馆（设施使用费 20 万 + 附带设备费约 15 万）

用途	预计使用日数	预计使用费收入
▨▨　校内使用（及设施自主规划）	8 件（32 天）	
▨▨　校内团体的练习（及表演）	16 件（60 天（演出 9 天））	8 万 ×60 天
▨▨　校外使用者的表演	25 件（30 天（演出 25 天））	43 万 ×27.5 天
▨▨　小学、初中、高中的练习支援（空调费）	4 件（12 天）	3 万 ×12 天
▨▨　学术会议、国家会议	10 件（20 天）	23 万 ×20 天
▨▨　定期检查	25 天	
	计 167 天	

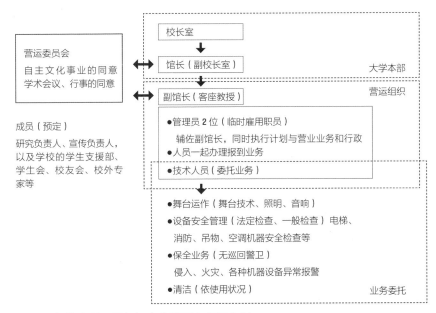

图 8-10　东北大学百周年纪念会馆预定营运体制

（4）让经营得以成功的支持者

这些经营的调整是在建筑策划框架之外的，实际上，大学的纪念建筑物关系到各种利害相关者，在大家各种不同意见下的工作相当艰难。在这样曲折的情况下营运调整仍能执行的很大原因是有支持者的存在。特别是财团法人方面的仁田新一理事、大学方面的大西仁副校长（两位都是当时在任者）对设计团队的信任与强烈支持。他们在一个什么都没有的阶段中明确了计划的可行，大步跨入并支持着建筑设计直到营运作业，若没有他们的远见，本策划是不可能实现的。

6. 实际的营运

东北大学百周年纪念会馆在 2008 年 10 月 10 日华丽开幕，开幕式结合了日本传统的能剧表演及演奏会，同年除夕首次在仙台举办了除夕演奏会。仙台一向重视过年传统，因此在大家曾担心除夕演奏会不会在有观众的情况下门票售罄，并且给予仙台市迎接新年的全新感动。鉴于这般良好的开始，不只大学的各种活动在此开展，同时与当地报社合作将具有影响力的自主事业常态化（例如邀请优秀有成名潜力的演奏者），也确实实践了大学为当地服务的任务（图8-11）。

室内

外观

图 8-11　东北大学百周年纪念会馆

第九章
良好的空间通过良好的策划
得以实现

前期设计

建筑策划的巨人：威廉·佩纳（William Peña）

前期设计

在目前为止的论述中，要构建好的空间，就必须仔细地组织复杂的功能，同时还要考虑其中人的行为，更要注意作为其支持的营运部分。也就是说，要理解策划，在整个过程中都要考虑全面。

那么，如何才能完成这样的过程呢？从查尔斯·桑德斯·皮尔斯（Peirce）意识到该过程并试图使其科学化后，此议题在以实用主义为传统的美国被认真地讨论。例如威廉·佩纳（William Peña）在名著《问题搜寻：建筑策划初步》（Problem Seeking: An Architectural Programming Primer）中以简明易懂的方式进行了说明，建筑过程中为了创造成效应具备的特质。沃尔夫冈·普莱泽（Wolfgang Preiser）也是将建筑的使用后调查及其策划后的回馈，即使用后调查（Post Occupancy Evaluation，简称 POE）体制化的重要人物。荣朗（Jung Lang）的建筑策划名著《建筑理论的创造——关于环境设计中行动科学的作用》，则非常实用地总括解释了策划的过程。

要想良好的建筑不被设计者的优劣及业主突然冒出的想法所影响，就必须要以科学的方式来建构问题意识，这在日本的建筑策划学中已是共识。而建筑物在实际中如何被使用？其使用方式符合使用者需求吗？若不符合的话，造成冲突的原因是什么呢？是空间，还是使用者的习惯？又或是原因在营运上？假如是空间上的问题，有哪些调整的可能性？建筑策划学创建期的研究者青木正夫即是利用辩证法，消除了这些冲突而将建筑策划过程理论化的。其三段式理论分别为：首先必须充分理解建筑的目的，其次是从实际的使用方式中发现问题，最后统整问题，为了解决它们而提出具体方案。这样优秀的思路，的确和前述的佩纳及普莱泽在同一轨道上。日本建筑策划接续这些思路之后，以国际视角来看，不但水平高且提出了各种不同见解与知识。

建筑策划的巨人：威廉·佩纳（William Peña）

佩纳说："良好的建筑不是偶然被建出来的，它们存在着一些共同的条件。"他被这个直觉引导着，做了许多有价值的工作，特别是商业界策划实务的实践，他的事务所 Caudill Rowlett Scott（CRS）在建筑策划上有很大的发展，之后虽被建筑师事务所 HOK（Hellmuth Obtat Kassabaum）收购，但他的功绩并不会褪色。佩纳说，要做出好的建筑，重要的是需要良好的建筑师和良好的业主共同深入思考，并协力推进工作，还必须以建筑策划为中心来管理整个过程。他的著作《问题搜寻：建筑策划初步》以简明易懂的方式阐述了建筑计划的本质，被翻译成多种语言在世界各国出版，在其出版了 40 多年的今日仍不断被再版，并被广大读者持续阅读着，其受欢迎的秘密是简明易懂的文字及图文并茂的形式，将原本各种看似偶然获得成功的要素归纳成必然的方法，并以容易理解的形式呈现给大家。佩纳在思考建筑策划扮演的角色上也非常有趣，以下是加上笔者的解释后佩纳派建筑策划过程的各个阶段。

1. 目标的设定（Establish Goals）

建筑的真正业主不是建筑的所有者，应该是建筑完成后的使用者。然而，通常在讨论设计时鲜少有实际使用者的参与，这部分意见很容易被忽视。因此对于建筑为谁而做，以及需要做哪些事等必须有具体想象，此即为设定明确目标的意义。考虑使用者是确保方案往前迈进的驱动力。

伴随着社会的成熟化，"功能"开始被作为中间项目进行交易，为了使其操作更有效率，创造出一种称为套装（Package）的"形式设施"（Building Type）并将其普及化。这有一定的合理性，但会诱发一种误解，以为只要依此形式建设图书馆或学校等，就能保证其中发生的人的行为，而产生让人忘记建筑迈向何处的危险性。因为无论是何种建筑形式的建设都无法保证在建筑里发生的行为，所以必须在最初规划时，就要确认具体所要完成的事项。

2. 事实的搜集与分析（Collect and Analyze Facts）

接下来是搜集实际资料的部分。也就是为了了解"目标的设定"中设定目标的实际情形来仔细地审视现况。依据目标具体列出其功能，将个别功能和现实状况相互对照，并依次讨论实现方法。以上的朴素过程可以避免策划者自我陶醉在出众的目标设定之中，而导致实务上控制不足的状况；并且此阶段以基准（Benchmark）及用后评估（POE）的方式结构化实际数据，这样让建筑条件核对科学性的方法论大多是有效的。"目标的设定"如强烈光源般照亮"事实的搜集与分析"中汇集的事实，引导出"概念的确认"，以满足建筑的条件。

3. 概念的确认（Uncover and Test Concepts）

为了实现目标所需的提案组合即为概念（Concepts）。"整理概念"就是事先预测建筑在具体化后会让人产生哪些实际行为，这个阶段是利用建筑手段去整理实现目标的铺陈，也就是说，概念指示了进行中的策划架构，也是将社会性现象转换成建筑性现象的铰链。而判断究竟会发生哪些事是件很困难的事，为使难以判断的事变得更明确，在策划时会使用概念图解（Concept Diagram）进行讨论。在第五章论述了图解（Diagram）不能直接转换成空间，在此阶段它是测试概念的工具。

4. 需求的测定（Determine Needs）

顺应着概念组构建筑并整理社会上的需求，以确认在建筑空间中需具体实现的性能（Performance）。这个阶段实际整理了新建筑和社会之间的关系，借助第四章的面积配比及气泡图解的力量，让抽象概念置换成具体的功能与面积等。

5. 问题领域的设定（State the Problem）

以上明确又好理解的内容包括：任务的提示与共有、基准的整理、概念的验证，以及清楚表达所需功能规格的流程。但佩纳不只提示这些，还提出了奇特的第五点：问题领域的设定。这是决定方案质量的最重要因素，是针对已设定的目标厘清社会性障碍，并找出解决的方法，冷静且彻底地完成。佩纳的理论是有趣而具深度的。同时，植入此阶段能抑制社会因新建筑的投入而往混乱前进的状态，并让方案的机制与营运有可以运作的可能。策划初期，将风险摊在桌上整理的方法也与现代风险管理理论相通。将抵达目标前道路上横亘的问题具体显现，并保持挑战的姿态，这就是佩纳策划理论的最高价值。

第十章
良好的策划过程是以社会上垂直及水平的信任关系为支撑的

良好的过程带来的事情

垂直方向的信任

水平方向的信任

良好的过程带来的事情

如前所述，良好的建筑不是偶然被盖出来的，而必须经过思考的过程方可实现，绝不是从哪里买一个建筑师品牌就好的。

此处所指的"良好"，是通过新建筑的建设为社会营造新"空间"，新的联结关系由此而生。创造这个良好的过程，在建筑的早期阶段即开始运用模拟的方式，也就是先行试验建筑完工后空间中会发生的行为。然而，社会上运作着各种惯性力量，如果导入新的作法，会在它们的衔接处产生摩擦。这就是前面提到的"问题领域的设定"在良好策划过程中的必要性的原因。

换句话说，努力实现良好的策划过程中，会显现出社会中存在的问题，有时也必须与其战斗。笔者在仙台媒体中心、苓北町民会馆、东北大学百周年纪念会馆的工作过程中虽然辛苦得想逃避，但在完成后得到了充分的愉悦感；进行过程越费劲的方案越能获得好评，这也许是因为在过程中试行了完成后软件（Soft）层面的关系。这证明了社会关系资本，也就是人与人之间联系的各种资源的部署和"空间"有很深的关联。良好的建筑在现存的社会关系资本的布置下可以往好的方向改变，但必须先在过程中经过试验。

比较政治学的研究者宫本太郎列举了充实社会关系资本的要素，包含了垂直与水平两方向的信任关系，意即执行新计划虽无法避免风险，但仍须让计划切合前行，因此不能缺少以下两点：（1）垂直方向的信任。执行计划方必须对风险有实际的把握，并在组织内对风险有共识、互相协助。（2）水平方向的信任。和缓地与因计划而受影响的人们合作，一起发现风险并预防风险。垂直方向的信任与第八章所述的营运实例相关。水平方向的信任与第七章所述有关，是对于共同体的觉察和隐私关系之中所显现出来的现象。

笔者现在参与东日本大震灾的相关重建业务，在策划过程中常思考垂直或水平方向信任的重要性。接下来将通过代表性实例，思考策划过程中信任的意义。

垂直方向的信任

岩手县釜石市是因为新日铁企业的进驻而发展起来的高聚集性城市，近年为因全球性产业结构变革而导致的人口外流而苦恼。在此状况下发生的东日本大地震造成了严重灾害，海啸浸水范围包含市中心的沿海 7 km^2 的街区，受损建筑物全毁加半毁共 3704 户，死亡及失踪者共 1040 人（2013 年 2 月底时）。尤其海啸对釜石市的历史和特色的沿海区域（东部地区）损害极大，不过卧城的内地区域（西部地区）几乎没有灾情。因此灾后的许多人强烈建议改变都市结构，将市镇的基础功能从东部转移到西部地区。但之后经过各种讨论形成的共识方向是通过沿海地区的再生，恢复原有的据点性。

在这样的背景下，重建釜石市必须着手的课题是尽快向市民勾勒明确愿景，阻止沿岸区域人口流失。推动实际的重建计划需要专业的知识和经验，统合进行相关广泛领域的业务。因此市政府从 2012 年 10 月开始导入重建指挥者制度，让指挥者和政府员工一起进行促进重建的实务工作，希望创建丰富的生活环境，让市民返回市镇。三位重建指挥者为：以"大家之家"等案认真思考的建筑师、在重建中起专业作用的国际级建筑师伊东丰雄、灾害发生前即参与釜石市都市规划的远藤新，以及负责建筑策划及其他项目的笔者本人。

利用此指挥者制度，市政府和当地居民通过密切的沟通，撷取他们的需求，明确可实现的环境质量。关于主要事业的方向，决定以公开征求提案的方式选择优秀专家。同时，跨领域整合个别方案的架构作为釜石未来城镇规划方案（图10-1）。这些良好的建筑是依据精细的设计而完成的，再慢慢地改变周边环境。

也就是说，这是从点到线，再从线到面而成就的重建计划，它让市民、行政、设计营造方可以成为一体，迈向以下三点方向：

（1）与市民合作：市民是重建的主角，让他们理解复杂重建工作的本质，进而主动参与新城镇再造，从而构成对等的伙伴关系。

（2）录用重建业务的专家：为了引起大家对重建的强烈共鸣并能解决问题，需要与有极佳提案能力的专家一起合作。

（3）将其视为事业来展开重建：以透明性及信任作为基础，业主及设计营造方设定了公家和民营联系的架构，以完成困难的重建工作。

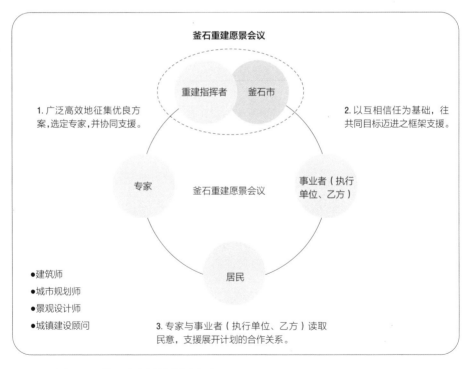

图 10-1 釜石未来城镇规划方案

虽然经过严格筛选，但在繁忙而量大的重建业务中，采取公开竞图的方式是十分困难的[1]，需要跨领域联系多且不同的相关局处，这工作的负荷量已超越了一般程度，若只有抽象框架可依循，是不太容易完成高质量的重建目标的。笔者在灾害发生后与受灾地相关者进行了长时间的紧密交流，以这些作为基础，在重建前线的野田市长的指挥之下，与各行政负责人建立了结构性的信任关系。

这个"关系"在发表"釜石未来城镇规划方案"时，市长在谈话中也表示："要创造可以持续到未来且令人安心的市街需要一个踏实精细的设计，但又不得不面临需尽早完工的两难困境，因此需要专家的智慧及建议。在此困境之中希望受灾者可以坚定'要做就要做好的东西'的信心，而建立良好的信任关系。"这是一个鲜少的案例，行政首长对于跨越困境有这样的表述，在完工日期和整备户数等量的指标是无法计测具体的质的情况下，垂直的信任关系是不可缺少的（图 10-2）。

图 10-2　垂直方向的信任（笔者、釜石市市长野田先生、伊东丰雄先生）

1 此处的竞图方式称为proposal，先选设计者再调整设计内容。

水平方向的信任

宫城县七滨町人口约为 2 万，是一个直径大约 5 km 的圆形的小型自治体，距离核心都市仙台市区约 15 km，有许多自然地区。日本大地震的海啸使町区域的 36%，约 5 km² 的部分浸水受灾，全毁和半毁的受损户数共 1323 栋，死亡和失踪者共 105 人（2013 年 6 月 1 日时）。

城镇的复兴公营住宅的预计整备户数为 217 户（2013 年 7 月时），城镇的总户数是 6540 户（2012 年 1 月 1 日官方统计），控制整备户数约占总户数的 3%。这个比例和其他受灾地区相比是被抑制的状态，这是镇公所细心地对居民举办面对面说明会的成果。一方面，说明制定住民制度时，不但准备了可对照的精致手册，还提供了可简单计算负担费用的软件等。另一方面，这些诱导有单纯化复兴公营住宅申请者的筛选作用。预计迁入的居民较多为高龄者，因此寻求支持的人们的比例也会变高。

通过对先前阪神大地震重建案例的反省，确立了避免小区质量劣化的策划方向，因此以一对一的对应方式，在城镇受灾特别严重的五个地区分别整备各自的复兴公营住宅（图 10-3）。具体而言，复兴公营住宅使用起居连接（Living Access）（第七章）等方法，希望成为社区交流程度较高的集合住宅，以纾解问题（图 10-4）。起居连接的设计难度比传统北向进出的住宅更高，因此起用有能力的设计者作为代理人（Agent）非常重要。此外，借由公开竞图（Proposal）的导入确保了优秀设计者的参与（图 10-5）。再加上取得了宫城县政府的协助，县政府支持受灾地公营住宅的发包作业，容易出现风险的技术面得到了保障。负责策划和营运的町、町所选的设计者，以及支持重建发包业务的县政部（此工作原由町负责），彼此互相连系并持续努力，确保了适当的实务环境。

图 10-3 七滨町全区图

参考策划：菖蒲田滨林合地区

类型	A：2DK（55 m²） 夫妻型	B：3DK（65 m²） 家庭型	C：LSK（55 m²） 银发族型	合计
1F	2 户	13 户	17 户	32 户
2F	23 户	9 户	—	32 户
3F	17 户	9 户	—	32 户
合计	42 户	31 户	17 户	90 户
停车场	—	—	—	90 户

七滨町的灾害公营住宅的特点是在原居住习惯的环境中
再次生活，并重新建构地域整体与社会福利的关系等，
期待拥有强大的沟通力量。

来自：七滨町灾害公营住宅选定设计者简易公开招募实
施纲要

图 10-4 七滨町重建公营住宅参考平面图

七滨町灾害公营住宅

菖蒲田滨之家

目标是让社区在灾害公营住宅之中有交流的机会，并与地域联动一并活化，全体共 90 户，分为 5 个小聚落或集中社区单元(community unit)(11~22 户)分散于基地东西侧，松散连接 3 个广场，也对地域开放，就像构成社区的小径。首先从各个单元内的社区小聚落开始，慢慢地对各区域开放，再到灾害公营住宅之整体，最后对整体地域。这就是我们提案的菖蒲田滨之家。

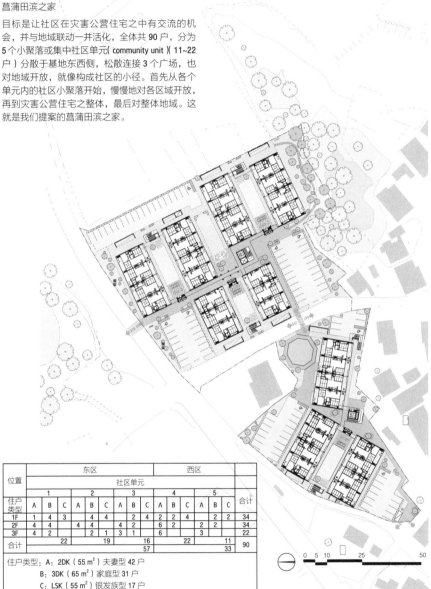

位置	东区									西区					合计
	社区单元														
	1			2			3			4			5		
住户类型	A	B	C	A	B	C	A	B	C	A	B	C	A	B	C	
1F	1	4	3	4	4		2	4		2	2	4		2	2	34
2F	4	4		4	4		4	2		6	2		2	2		34
3F	4	2		2	1		3	1		6			3			22
合计	22			19			16			22			11			90
	57									33						

住户类型：A：2DK（55 m²）夫妻型 42 户
　　　　　B：3DK（65 m²）家庭型 31 户
　　　　　C：LSK（55 m²）银发族型 17 户

停车场东区 57 台，西区 33，合计 90 台。

图 10-5　七滨町公开招募的设计提案（阿部案）

一般情况下，受灾地区的行政业务繁忙，人力紧迫，很难采用耗时复杂的公开竞图方式。但在七滨町，先借由上述工作抑制了需要整备的户数，再加上复兴公营住宅定位为各地区城镇营造的核心，因此产生得以精细化设计的余裕。

之所以容许如此精细的作业，原因是城镇规模尚小，且与当地居民存有信任关系，町政府才能达成这样的成果。因为在早期就和有能力的专家（建筑师）签约，所以可细心举办居民参与讨论的工作坊（图 10-6），居民踊跃地参与，更增加了与居民之间的信任，而慢慢形成好的循环。这个需要的水平方向信任的构筑，早在此案过程中就先开始形成了（图 10-7）。

图 10-6　水平方向的信任

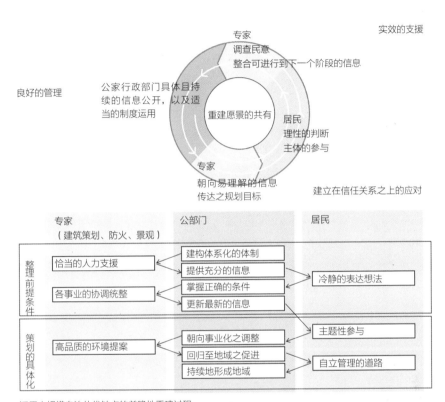

图 10-7　重建的信任循环（制作：加藤优一）

第十一章

良好的策划过程需具备稳固的专业能力及其在社会机制中的定位

10 倍的顾问费

孤立的业主

支撑着竞图大国（法国）的建筑策划师（Programist）

迈向更好的建筑

10 倍的顾问费

截至目前可以看到，为了实现良好的策划，需要立基于社会上的信任感与高度专业性的统合。同时，为了确保专家能够稳定地参与其中，这个机制在社会上必须持续下去，并且这是需要先行准备的，但非常遗憾的是，现在的日本社会尚未达到可被倚赖的状态。

表 11-1 是日本与英国两个图书馆案例的比较，两案皆使用了私人融资（Private Finance Initiative，简称 PFI），PFI 是一种活用民间资本进行策划、建设、营运的模式，常用于公共建设，从图中可看出两国的差异非常明显。英国案例位于布莱顿，是一座位于沿海市街中心的图书馆（Jubilee Library）。建筑物前的都市广场时常聚集非常多的人，热闹且具有高度聚集性。建筑物本身也获得了英国首相优秀建筑奖，是一座拥有静心阅读环境的图书馆。日本案例同样建设在地方城市的中心，是经常被介绍为 PFI 良好案例的图书馆。这个案例因为当时行政人员的奋斗，非常幸运地在 PFI 导入日本的早期成为一个用心开创的先例，设计营造方也在资金有限的情况下做得很好。虽然这么说有点严苛，但日本此案例相对于英国案例在建筑成果上较为普通，表现的都市表情不足，对周边环境的贡献也有局限性。

和日本案例相比，英国的顾问费及设计费高出将近 10 倍，并多花了 4 倍的时间，但它的营造费低，却能在整体建设和营运成本比日本还低的状况下实现。它实际完成后建筑质量优良，与城市间的关系良好，是非常值得买单的作品。当然两者的汇兑及建设业界机制不同，应该单纯地进行对比更为严谨一些，不过，英国案例是先雇用优秀的代理人（Agent），接着让他们工作，来避开各种风险，并在低价之下以良好空间资源创造出社会价值。本章将探讨截至目前尚未论及的这种机制，也就是为了成就良好的过程所需的专业能力，以及使这个专业能力发挥作用而需在组织内给予的适当位置，这些都是得去思考的。

表 11-1　日英图书馆 PFI 事业的案例比较（论文发表时的汇率为：1 英镑兑换 129 日元）（制作：山田佳祐）

	国家	英国	日本
业务概要	地方行政机关	布莱顿 - 霍夫市议会	E 市
	工程名称	布莱顿中央图书馆 朱比利图书馆	E 市图书馆等复合公共设施特定工程（E-ML）
	实施业务内容	图书馆等设施，图书等维持管理（委外运营），总体规划，市中心开发	图书馆等设施，图书馆等维持管理，图书馆运营，对市政府的出租面积，生活便利服务设施的运营，所有权转移业务
	配套设施	咖啡厅、书店	保健中心、勤劳青少年馆、多功能会议厅、生活便利服务设施
	周边开发	可负担住房（affordable housing）、店家或住宅、饭店、商店或办公室、餐厅或酒吧（虽不属于 PFI 范围，但依规划一体性开发）	基地周边规划于 "Civic core" 范围内，因此以公共公益设施为中心，作为服务市民的据点。（本业务范围外）
	事业者选定方式	**Invitation to Negotiate** （ITN：邀请谈判式）	综合评价一般竞争投标方式
业务期间	事业公告	Advertising Project Expressions of interest – OJEC（1999 年 1 月）	公布实施大纲（2001 年 6 月 13 日）
	与事业者契约	2002 年 10 月 21 日	本契约（2002 年 6 月 26 日）
	开馆启用	2005 年 3 月 3 日	开幕（2004 年 10 月 1 日）
	事业公告至启用	6 年 2 个月	3 年 4 个月
	运营期间	25 年	30 年
建筑概要	楼地板总面积	6450 m²	9 114 m²
	结构	预制混凝土、钢结构	钢结构
	楼层	地上 4 层	地上 5 层，机械室等 1 层
经费概要	总经费	约 5 000 万英镑：整体再开发规划费约 64.5 亿日元	含运营费投票：约 116 亿日元
	图书馆建造费	约 811.5 万英镑：图书馆建造费约 10.5 亿（不含设计费及基础建设）	图书馆建造费约 21 亿日元（不含设计费等）
	建筑单价	1 257.69 英镑 / m²； 约 16 万日元 / m²	约 23 万日元 / m²
	顾问费	约 200 万英镑 总计约 25 800 万日元	可行性评估：约 430 万日元 顾问：约 300 万日元 总计约 3500 万日元
获得奖项		2005 年英国首相优秀建筑奖	第 1 届 PFI 大赏特别赏
外观照片			

孤立的业主

图 11-1 是英国和日本 PFI 机制的比较图。英国有团队组织对应，相比之下，日本的业主则处于孤立的状况，是在没有根据的情况下随意选择顾问及专家，换言之，负责人的能力与热忱会影响方案的质量，使其呈现波动状态。为了提高方案质量，系统性专业知识的加入绝对是必需的，然而可叹的是，乐天派的日本胡乱地召集拼凑各领域的专家，使审查委员会的水平并不稳定。反观英国皇家建筑师协会（Royal Institute of British Architects，简称 RIBA）及政府相关的设计支持团体（国际建筑产业贸易博览会，简称 CABE）等有机地活用现有的专业组织，自然这两者的结果会有差异。

英国原已存在称为 Gateway 的架构，并能通过此评审会有效利用专家组织，让 RIBA 与 CABE 的专业组织可以向评审会派出优秀的专家。而在日本，顾问公司是以受托者的身份偶然地承接调查业务，基本上以搜集整理资料并将其做成调查书的方式进行项目。笔者曾向某些顾问公司表示对某个方案有兴趣并愿意参与，给他们提出关于 PFI 的简单问题，这虽是他们的专业，却有许多公司未达到及格标准。他们的知识并不完整，也相当不稳定。让他们以提案竞争的公开竞图方式（Proposal），可以说是排除像这样没有实力的顾问公司的有效方法，但在日本，所有公共工程都必须以投标方式进行，很难用公开竞图的方式筛选，因此只能确保专家个人性的参与，不能像英国那样作为机制支持着业主。

此外，日本的专家组织是否可以像英国组织那样，对社会业务产生很大贡献？这一点也颇困难。考虑到他们必须在低廉设计费的环境下工作，我想日本的建筑专家们已算是献身其中，只是参与度仍有限。当然，日本的建设公司大多能在承包契约之下努力进行作业，不需采用像英国那样高成本又复杂的机制，因此日本伴随发包而显现的风险也较少。换句话说，若对施工者使用统包方式

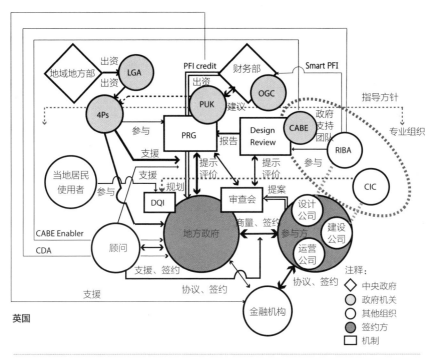

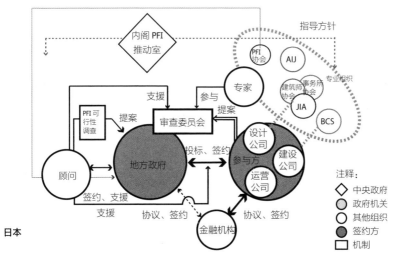

图 11-1　英国与日本关于 PFI 机制的对照

（Cost on）[1]，反而减少了成本调整的麻烦。但现在因经济的全球化使社会的冗长性消失，被要求的程度提高了，此情况在日本也是一样的。这么说来，组织性的对应是必需的，但日本现在在战略性、构造性地活用专业者方面还存在许多问题，英国的这个机制在 2010 年政权交替后有很大改变，尽管如此，社会还是将建筑师视为实现社会价值的专业人才持续重用着。

支撑着竞图大国（法国）的建筑策划师（Programist）

在欧盟区域内的契约公告之中，各国设计竞图占的比重分别为法国 29%，德国 10%，英国 1%，法国的比重具有压倒性优势（FRI，1999 年）。这是因为法国拥有全面性的建筑法规，MOP 公共工程管理法中规定，一定规模以上的公共建筑有义务使用设计竞图。特别在建筑相关政府部门的规范指南书中，将竞图过程整理成设计前阶段、设计竞图、设计时间、支持阶段四大阶段，并明确指示了各阶段中参与专家的作用及角色。

法国的公共建筑发包机制中特别值得一提的是，它非常详细地规定了竞图过程，在必须提出的参加申请书之中，明确规定在第一阶段的书面审查会选出约 5 家公司，第二阶段需确定基本设计的实际付费，并且指出在第二阶段必须要有一位年轻建筑家参与。这是从建筑界的人才库中筹措到的资源，可以让竞图机制长期维持下去，不使人才库衰化。发包方理解需有意识地让年轻人参与，促进再生产的必要性。而程序法更严格地规定了报酬及缴交之成品，特别注意避免专家被竞图消耗，这样的情况和日本在竞图时不太给予报酬，掠夺人才库有如持续焚烧农田般。

---

1 指在建筑工程上发包者先指示建设工程的费用，再增加管理费作为估价金额，形式上是一起发包，但实际上是个别发包，建设公司只执行管理的状态。

支持着这些竞图的是设计的前期工作。因为一旦公布竞图的条件后就很难改变内容了，因此在法国，明确定义了细致整理设计大纲的阶段，被称为"设计要求标准书"（Cahier Des Charges）。此阶段的核心角色是业主所雇用的建筑策划师（Programist）。他们不但要有建筑知识，也要有哲学及行政方面的专业背景，他们保证了竞图内容在社会上是有意义的。建筑策划师在法国是不稳定的专业工作，但在包含日本在内的其他国家，几乎不存在这样的职业，因此可以想象对严格实施竞图的法国而言，此职业支撑了这个机制。

迈向更好的建筑

如此这般，以建构预算有限却拥有高质量建筑的环境为目标，欧洲主要国家依据各国状况采用了不同的公共建筑发包模式。法国根据全面性的建筑法，让设计竞图确保了公开征集的方案品质，使负责整理设计纲要的建筑策划师十分专业。都市规划限制较多的德国采用分权的方式，其中一种称为"Plan B"的都市规划具有优先权，它被定位为与小区的对话，建筑质量会基于小区的层级进行审查。在法国及德国，参与空间设计的专业权限是被尊敬的，这让这些职业有再生的可能，也就是说会有新一代的人投身于此并使其延续下去，费用部分也有详细规定。英国法律体系的普通法系有一定的弹性应变空间，可以随社会的变化设定各种发包方式，也建立了政府组织人员可灵活支持的机制。这些复杂的机制有利于专业的推进，以及社会对建筑师角色的认知。

一方面，在这些国家中，专业团队在社会上是被尊敬的，也确实发挥了其角色的作用。另一方面，日本的公共发包方式尚未成熟，仍依赖着个人力量，结果也因为选定专家的规则存在许多不确定因素，偶尔有好的成果也只是因为有优秀的相关人士参与才获得的，相当不稳定。更遗憾的是，投标大多以设计费竞标，而非让人才库里的专业者一分高下来决定，因此很难获得专业的设计。可倚赖的专业团体也分裂了，这些具专业能力的专家可确保社会价值，但环境却尚未达到可以赋予他们定位的状态。

这样听来似乎让人很绝望，但日本建筑师在世界上深受尊敬，且日本的公共建筑看起来也并非处于凄惨状态。这表示日本建筑是凭借个人的钻研累积的，大家相信这些人，并让他们组织工作，这样的社会资本尚未广泛分布。然而，近年来的全球化浪潮动摇了日本形式的基础。可惜的是，因为持续以以往的用人方法制造着只能期待项目负责人献身的良好环境，这无论让社会还个人都失去从容余裕了。

建筑师定位的幅度还相当大的日本，要达到可将建筑策划视为一种业务的状况仍很遥远。但至此所述，为了实现良好的空间必须具备细致的过程（Process）管理，精准判别项目的环境条件，并设定可实现高效益的条件，我想这样的建筑策划会越来越重要。前述的一些国外的案例是让专业人士的作用在社会上得到适当的发挥，这必须在社会结构中确实地置入专业能力。

再次说明，初期的条件设定是关键，需充分考虑实际情况中资金和人力的状况，它们的重要性应无须再提。在日本的建筑设计质量还有富余的状态下，让这些工作在社会结构中有所定位的必要性，相信大家都已相当明了。

参考文献

[1]Otto Friedrich Bollnow, Mensch und raum, W. Kohlhammer, Stuttgart, 1963. オット
ー・フリードリッヒ・ボルノウ著，中村浩平、大塚恵一、池川健司譯，《人間と空間》，
せりか書房，1978.

[2]Christian Norberg-Schulz.*Existence, Space and Architecture*, Studio Vista, London,
1971. クリスチャン・ノルベルグ＝シュルツ著，加藤邦男譯，《実存・空間・建築》（S
D選書78），鹿島出版會，1973.

[3]Edward Relph, *Place and Placelessness*, Pion, London, 1976. エドワード・レルフ著，
高野岳彦、石山美也子、阿部隆譯，《場所の現象学》，筑摩書房，1991.

[4]Martin Heidegger, "Bauen Wohnen Denken", 1951. マルチン・ハイデッガー著，中
村貴志譯，《ハイデッガーの建築論　建てる・住まう・考える》，中央公論美術出版、
2008.

[5] 伊藤哲夫、水田一征編譯，《哲学者の語る建築—ハイデガー、オルテガ、ペゲラー、ア
ドルノ》，中央公論美術出版，2008.

[6]Adrian Forty, *Works and Buildings: A Vocabulary of Modern Architecture*, Thames &
Hudson, London, 2000. エイドリアン・フォーティー著，坂牛卓他譯，《言葉と建築—
語彙体系としてのモダニズム》鹿島出版會，2005.

[7] 増田友也，《増田友也著作集》，ナカニシヤ出版，1999.

[8]Yi-Fu Tuan, *Space and Place: The Perspective of experience*, University of Minnesota
Press, Minneapolis, 1977. イーフー・トゥアン著，山本浩譯，《空間の経験—身体から
都市へ》，筑摩書房，1988.

[9]Henri Lefebvre, *La production de l'espace*, ditions Anthropos, Paris. アンリ・ルフェ
ーブル著，齊藤日出治譯，《空間の生産》，青木書店，2000.

[10] 齊藤日出治，《空間批判と対抗社会—グローバル時代の歴史認識》，現代企畫室，
2003.

[11]Edward William Soja, *Thirdspace: Journeys to Los Angeles and Other Real-and-
Imagined Places*, 1996, Wiley-Blackwell, Oxford, 1996. エドワード・ソジャ著，加藤
政洋譯，《第三空間—ポストモダンの空間論的転回》，青土社，2005.

[12]David Harvey, *The Condition of Postmodernity: An Enquiry into the Origins of*

Cultural Change, Wiley-Blackwell, Oxford, 1989. デヴィッド・ハーヴェイ著，吉原直樹譯，《ポストモダニティの条件》，青木書店，1999.

[13]Robert Venturi, Denise Scott Brown, Steven Izenour, *Learning from Las Vegas: The Forgotten Symbolism of Architectural Form*, The MIT Press, Cambridge, 1977. ロバート・ヴェンチューリ & D・ブラウン・S・アイゼナワー共著，石井和紘他譯，《ラスベガス―忘れられたシンボリズム》（SD 選書 143），鹿島出版會，1978.

[14]Le Corbusier et Pierre Jeanneret, *uvre complè te 1910-1929*, Les Editions d'Architecture, Zurich, 1937.

[15]Bernard Tscumi, *Architecture and Disjunction*, MIT Press, Cambridge, 1994. ベルナール・チュミ著，山形浩生譯，《建築と断絶》，鹿島出版會，1996.

[16]AMO/Rem koolhaas, Domus d'Autore, Post-Occupancy, Domus, Italy, 2006.

[17] 小嶋一浩，《アクティビティを設計せよ！―学校空間を軸にしたスタディ》（エスキスシリーズ 1 ），彰國社，2000.

[18]Atelier *Bow-Wow, Behaviorology*, Rizzoli, New York, 2010.

[19] 原廣司，"空間の基礎概念と〈記号場〉"，《時間と空間の社会学》（岩波講座 現代社會學 6 ），岩波書店，1996.

[20] 正木俊之，《情報空間論》，剄草書房，2000.

[21]Edward Twitchell Hall Jr., *The Hidden Dimension*, Doubleday, New York, 1966. エドワード・ホール著，日高敏隆、佐藤信行譯，《かくれた次元》，みすず書房，1970.

[22]Erving Goffman, *Behavior in Public Places; Notes on the Social Organization of Gatherings*, Free Press of Glencoe, New York, 1963. アーヴィング・ゴッフマン著，丸木恵祐、本名信行譯，《集まりの構造―新しい日常行動論を求めて》（ゴッフマンの社会学 4 ），誠信書房，1980.

[23]Roger G. Barker, *Ecological Psychology: Concepts and Methods for Studying the Environment of Human Behavior*, Stanford University Press, California, 1968.

[24]Philip Thiel, *People, Path, and Purposes: Notations for a Participatory Envirotecture*, University of Washington Press, Seattle, 1997.

[25]Amos Rapoport, *The Meaning of the Built Environment: A Notations for a Participatory Environtecture*, University of Arizona Press, Arizona, 1982. エイモス・ラポポート著、高橋鷹志、花里俊廣譯，《構築環境の意味を読む》，彰國社，2006.

[26]Clare Cooper Marcus, Carolyn Francis, *People Places: Design Guidelines for Urban Open Space*, Wiley, 1976.

[27]James J. Gibson, *The Ecological Approach to Visual Perception*, Houghton Mifflin, Boston, 1979.

[28] 佐佐木正人，《アフォーダンス—新しい認知の理論》（岩波科学ライブラリー 12），岩波書店，1994.

[29] 原廣司，《空間〈機能から様相へ〉》，岩波書店，1987.

[30] 渡辺仁史、中村良三等，"人間—空間系の研究 その 6—空間における人間の分布パターンの解析"，《日本建築学会論文報告集》No.221，1974，頁 25—30.

[31] 佐野友紀、高柳英明、渡辺仁史，"空間—時間系モデルを用いた歩行者空間の混雑評価"，《日本建築学会計画系論文集》No.555，2002，頁 191—197.

[32] 高柳英明、長山淳一、渡辺仁史，"歩行者の最適速度保持行動を考慮した歩行行動モデル 群衆の小集団形成に見られる追跡—追従相転移現象に基づく解析数理"，《日本建築学会計画系論文集》No.606，2006，頁 63—70.

[33] 中島義明、大野隆造，《すまう—住行動の心理学》（人間行動学講座 3），朝倉書店，1996.

[34] 舟橋國男編著，《建築計画読本》，大阪大學出版會，2004.

[35] 田中元喜、竹内有里、西澤志信、山下哲郎，"実場面における滞留と移動の環境行動に関する考察"，《日本建築学会計画系論文集》No.572，2003，頁 49—53.

[36] 大佛俊泰、佐藤航，"心理的ストレス概念に基づく歩行行動のモデル化"，《日本建築学会計画系論文集》No.573，2003，頁 41—48.

[37] 鈴木利友、岡崎甚幸、徳永貴士，"地下鉄駅舎における探索歩行時の注視に関する研究"，《日本建築学会計画系論文集》No.543，2001，頁 163—170.

[38] 小野田泰明、西田浩二、小野寺望、氏原茂將，"動き分布図を用いた空間特性の把握に関する研究"，《日本建築学会計画系論文集》No.619，2007，頁 55—60.

[39] 小野田泰明、氏原茂將、濱田勇樹、堀口徹，"人の動き分布を用いた場の記述に関する研究—せんだいメディアテークにおける動き分布図"，《日本建築学会計画系論文集》No.71，2003，頁 63—68.

[40] 佐藤知、小野田泰明、坂口大洋，"新しいユニバーサルスペースにおける施設利用者の空間把握特性に関する研究"，《日本建築学会学術講演梗概集》E-1，2011，頁 909—910.

[41]Amos Rapoport，"A Cross-Cultural Aspect of Environmental Design"，pp.7-46，*Human Behavior and Environment*，Vol.4 Environment and Culture，Plenum Press，New York and London，1980.

[42]Amos Rapoport，*Human Aspects of Urban form: Towards a Man-Environment Approach to Urban form and Design*，Pergamon Press，New York，1977.

[43]Marcus Vitruvius Pollio，*De architectura* ／ウィトルーウィウス著、森田慶一譯，《ウィトルーウィウス建築書》（東海選書），東海大學出版會，1979.

[44] 石井威望、桂英史、伊東豊雄、伊東豊雄建築設計事務所，《せんだいメディアテーク コンセプトブック》，ＮＴＴ出版，2001.

[45] 磯崎新等，《せんだいメディアテーク設計競技記録誌》，仙台市，1995.

[46] 小野田泰明，"コミュニケーション可能態としての建築へ"，《新建築》3 月號，新建築社，2001，頁 218—221.

[47]日経アーキテクチュア編，《平田晃久＋吉村靖孝》（NA 建築家シリーズ 06），日経ＢＰ社，2012.

[48] 鈴木成文，《51Ｃ白書—私の建築計画学戦後史》（住まい学大系），住まい圖書館出版局，2006.

[49] 鈴木成文，《"いえ"と"まち"—住居集合の論理》（ＳＤ選書１９０），鹿島出版會，1984.

[50] 小野田泰明，"空間とデザイン"，阿部潔、成實弘至編，《空間管理社会—監視と自由のパラドックス》，新曜社，2006.

[51] 山本理顯，《新編 住居論》（平凡社ライブラリー），平凡社，2004.

[52] 鈴木成文、上野千鶴子、山本理顯、布野修司、五十嵐太郎、山本喜美惠，《"51Ｃ"家族を容れるハコの戦後と現在》，平凡社，2004.

[53] 小野田泰明，"ダイヤグラム"，小嶋一浩、ヴィジュアル版建築入門編集委員会編，《建築の言語》（ヴィジュアル版建築入門 5），彰國社，2002.

[54]Sanford Kwinter，"The Hammer and the Song"，OASE，48 Diagrams，NAi Publishers，Netherlands，1998.

[55] 小川洋，《なぜ公立高校はだめになったのか—教育崩壊の真実—》，亜紀書房，2000.

[56] 佐藤學，《カリキュラムの批評—公共性の再構築へ—》，世織書房，1997.

[57] 樋田大二郎、耳塚寛明、岩木秀夫、苅谷剛彦編著，《高校生文化と進路形成の変容》，
學事出版，2000.

[58] 本田由紀，《多元化する“能力”と日本社会—ハイパーメリトクラシー化のなかで—》
（日本の〈現代〉13），ＮＴＴ出版，2005.

[59] 周博、西村伸也、岩佐明彦、高橋百寿、和田浩一、長谷川敏栄、林文潔、渡邊隆見，”
単位制高等学校の建築計画に関する研究—居場所の特性と情報伝達の仕組み（その1）”，
《日本建築学会計画系論文集》No.553，2000，頁 115—121.

[60] 小野田泰明、谷口太郎、金成瑞穂、菅野實，“総合学科高校における空間構成と生徒
の行動選択”，《日本建築学会計画系論文集》No.625，2008，頁 519—526.

[61] 船越徹、寺嶋修康、諏訪泰輔，“横須賀総合高等学校における新しいハウス制の提案・計
画”，《日本建築学会技術報告集》No. 17，2003，頁 333—336.

[62] 《GA Japan》No. 50，エーディーエー・エディタ，トーキョー，2001.

[63] 伊藤俊介、長澤泰，“小学校児童のグループ形成と教室・オープンスペースにおける居
場所選択に関する研究”，《日本建築学会計画系論文集》No.560，2002，頁 119—126.

[64] 上野淳，《未来の学校建築—教育改革をささえる空間づくり—》，岩波書店，1999.

[65]Christian Norberg-Schulz, *Il significanto nell'architettura occidentale*, Electa
Editrice, Milano, 1973. クリスチャン・ノルベルグ＝シュルツ著，前川道郎譯，《西洋
の建築—空間と意味の歴史—》，本の友社，1998.

[66] 小林秀樹、鈴木成文，“集合住宅における共有領域の形成に関する研究—その1—2”，《日
本建築学会論文報告集》No.307，1981，頁 102—111，No.319，1982，頁 121—131.

[67] 小林秀樹，《集住のなわばり学》，彰國社，1992.

[68] 古賀紀江、高橋鷹志，“一人暮らしの高齢者の常座をめぐる考察—高齢者の住居にお
ける居場所に関する研究 その1”，《日本建築学会計画系論文集》No.494，1997，頁
97—104.

[69] 橘弘志、高橋鷹志，“一人暮らし高齢者の生活における住戸内外の関わりに関する考察”，
《日本建築学会計画系論文集》No.515，1999，頁 113—119.

[70] 井上由起子、小滝一正、大原一興，“在宅サービスを活用する高齢者のすまいに関する
考察”，《日本建築学会計画系論文集》No.556，2002，頁 137—143.

[71] 吉田哲、宗本順三，“近隣とのつきあいと視線によるプライバシーの被害意識の関

係―転居地毎の居住経験のインタビュー"，《日本建築学会計画系論文集》No.542，2001，頁 113―119.

[72] 栗原嘉一郎、多胡進、藤田昌美、大藪寿一，"集団住宅地における配置形式と近隣関係"，《日本建築学会論文報告集》No.69-2，1961，頁 369―372.

[73] 青木義次、湯浅義晴、大佛俊泰，"あふれ出しの社会心理学的効果―路地空間へのあふれ出し調査からみた計画概念の仮説と検証 その2"，《日本建築学会計画系論文集》No.457，1994，頁 125―132.

[74] 友田博道，"高層住宅リビングアクセス手法に関する領域的考察―住居集合における開放性に関する領域的研究・2"，《日本建築学会計画系論文報告集》No.374，1987，頁 61―70.

[75] 住宅総合研究財団，《すまいろん》2008 年冬号（第 85 号），"特集 =21 世紀型の公営住宅デザイン"，2008.

[76] Y. Onoda, M. Kanno, T. Sakaguchi, "New Alternatives for Public Housing in Japan", EDRA, 36, The Environmental Design Research Association (EDRA), Vancouver, 2005, pp.61-67.

[77] 小野田泰明、北野央、菅野實、坂口大洋，"コミュニティ指向の集合住宅の住み替えによる生活変容とプライバシー意識"，《日本建築学会計画系論文集》No.642，2009，頁 1699―1705.

[78] Irwin Altman, "Privacy Regulation: Culturally Universal or Culturally Specific?", *Journal of Social Issues*, 33-3, John Wiley & Sons, New York, 1977, pp.66-84.

[79] Niklas Luhmann, *Vertrauen: Ein mechanismus der reduktion sozialer komplexit*, F. Enke, Stuttgart, 1968. ニクラス、ルーマン著，大庭健、正村俊之譯，《信頼―社会的な複雑性の縮減メカニズム―》，勁草書房，1990.

[80] 小野田泰明，"せんだい演劇工房 10BOX"，《新建築》7 月號，新建築社，2002，頁 177―178.

[81] 小野田泰明，"文化ホールの地域計画と建築計画に関する研究"，東北大學博士論文，1994.

[82] 小野田泰明，"東北大学百周年記念会館・萩ホール"，《新建築》5 月號，新建築社，2009.

[83] William M. Pena, William Wayne Caudill, John Focke, *Problem Seeking: An Architectural Programming Primer*, 1st edition 1969, 5th edition 2012, Cahners

Books International, Boston, 1977. ウイリアム・ペニヤ著，本田邦夫譯，《建築計画の展開—プロブレム・シーキング—》，鹿島出版會，1990.

[84]Wolfgang F. E. Preiser, Harvey Z. Rabinowitz, Edward T. White, *Post-Occupancy Evaluation*, Van Nostrand Reinhold, New York, 1988.

[85]Jon Lang, *Creating Architectural Theory: The Role of the Behavioral Sciences in Environmental Design*, Van Nostrand Reinhold, New York, 1987. ジョン・ラング著，今井ゆりか、高橋鷹志譯，《建築理論の創造—環境デザインにおける行動科学の役割—》，鹿島出版會，1992.

[86]吉武泰水，《建築計画の研究—建物の使われ方に関する建築計画的研究—》，鹿島出版會，1964.

[87]青木正夫，"建築計画の理念と方法"，《建築計画学》8（学校1），丸善，1976.

[88]吉武泰水等，《建築計画学》（全12巻），丸善，1968—1977.

[89]西山夘三，《日本の住まいⅠ～Ⅲ》，勁草書房，1975—1977.

[90]住田昌二＋西山夘三記念すまい、まちづくり文庫，《西山夘三の住宅・都市論—その現代的検証》，日本經濟評論社，2007.

[91]"吉武泰水山脈の人々"編集委員会編，《吉武泰水山脈の人々　建築計画の研究・実践の歩み》，鹿島出版會，2011.

[92]布野修司，《戦後建築論ノート》，相模書房，1981.

[93]長澤泰、伊藤俊介、岡本和彦，《建築地理学》，東京大學出版會，2007.

[94]宮本太郎，《自由への問い2　社会保障—セキュリティの構造転換へ》，岩波書店，2010.

[95]小野田泰明，"創造的復興計画の策定に向けて—撓まず屈せず、釜石市の計画作り"，《自治研》53，626（2011—11）〈特集　復興計画と自治体〉，自治労出版センター，2011，頁153—258.

[96]Y. Onoda, "Exiting His Comfort Zone", Jakarta Post (2012.02.10)

[97]《建設通信新聞》，2012年11月1日12面，http://kensetsunewspickup.blogspot.jp/2012/11/blog-post_1.html

[98]阪神淡路大震災復興フォローアップ委員会，兵庫縣，《伝える—阪神・淡路大震災の教訓》，ぎょうせい，2009.

[99] 小野田泰明，"ホワイトナイトかゲリラか—震災復興、建築家には何が出来るのか"，《新建築》12 月号，新建築社，2012，頁 43—48.

[100]Y. Onoda，"Reconstruction Public Housing: The Case of Shichigahama-machi in Miyagi Prefecture"，*The Great East Japan Earthquake 2011*，International recovery Platform (IRP) Secretariat, 2013, pp.71-75. 小野田泰明，"復興公営住宅・宮城県七ヶ浜町の事例から"，国際復興支援プラットフォーム，《東日本大震災 2011 復興状況報告書》，2013，頁 67—71.

[101] 古阪秀三，"建設プロジェクトの実施方式とマネジメントに関する国際比較研究"，《平成 10・12 年度 科学研究費補助金（基盤 A）研究成果報告書》，日本學術振興會，2001.

[102] 小野田泰明、山田佳祐、坂口大洋、柳澤要、石井敏、岡本和彦、有川智，"英国における PFI 支援に関する研究　公共図書館の PFI における日英の比較を通して"，《日本建築学会計画系論文集》No.657，2010，頁 2561—2569.

[103] 辻本顕、小野田泰明、菅野實，"日本における PFI の成立と公共建築の調達に関する研究"，《日本建築学会計画系論文集》No.605，2006，頁 85—92.

[104]坂井文，"近年イギリス都市計画におけるデザイン管理の支援システムに関する研究—CABE（建築都市環境委員会）設立の背景に着目して"，《日本建築学会計画系論文集》No.635，2009，頁 153—160.

[105]David M. Gann, Ammon J. Salter, Jennifer K. Whyte，"Design Quality Indicator as a Tool for Thinking"，Building Research & Information, 31-5, Taylor & Francis, London, 2003, pp.318-333.

[106] 発注者の役割特別研究委員会（代表・古阪秀三），"建築プロジェクトにおける発注者の役割特別研究委員会報告書"〈特別研究 42〉，日本建築學會，2009.

[107] 山日康平、小野田泰明、山名善之、柳澤要、姥浦道生、坂口大洋，"フランス、ドイツにみる公共建築の発注手法に関する研究"，《日本建築学会学術講演梗概集》，頁 35—36，2012.

后记

现在笔者的生活重点在东日本大地震的重建上。

在庞大的业务之中，不要失去身为专业者的自豪感，并持续面对日常的课题。本书部分内容提及大地震的灾区重建项目，但大多的作业是现在进行的，也有很多让人感到羞愧的地方。事实上，关于灾区重建项目本应在未来再作评价，像这样在本书中稍微跳跃式的记述请多包涵见谅。

尽管如此，在这样的重建工作现场中，能和居民保持密切地交流对话，并引入土木技术与地域经营的观点，冷静地展开实践，如同本书提到的，是因为它不只对建筑策划和设计，还对发包业务和成本管理等各研究领域都有帮助。如同在许多人完成的优秀重建先例中所显示的那样，充分开拓适当选项的技术力，居民确实共享信息的对话力，以及建立相关者之间的相互信任，而建立相关者之间的信任关系可直接影响重建质量。当然，必须常常保持紧张感，以免被说成是行政的仆役。

我在TOTO出版社的总编辑远藤信行劝请下，于2010年末开始着手写这本书。如同前面内文所提及，之后卷入了日本大地震的厄难中，受到很大困扰。我自己也怀疑："像这样藏身于建筑中的朴素无华的故事，到底会有谁想读？"而迷惘于比起执笔，是否更应该把时间用在灾区现场？以种种理由推拖写作。每当此时，远藤先生总劝诫："你应该将自己的职业好好地记述下来。"如果没有毅然又有耐心的远藤先生，也不会有这本书，因此首先想感谢他。

此书中几乎没有提及对我而言非常重要的苓北町民会馆及S公司总部大楼项目，自己也认为没有纳入有所遗漏，但这两个案例的难度相当高，因此无法在十一章中插入而省略。这些方案让我和优秀建筑师们产生非常深刻的联系，对我的职业生涯产生很大的影响。若没有和阿部仁史建筑师一起合作，至今我也不会如此严格贯彻执行自己的专业。阿部先生现在以美国为基点活跃于国际，在此也想深深感谢他。

相对地，本书中频繁出现的案例为仙台媒体中心。至今我仍认为，如果没有将它作为建筑策划的起点，也就没有现在的我。当时菅野实老师对我说了像是职场漫画会出现的台词："你常常挂在嘴边的那些事情有很多都在这个项目里，尽全力的去做吧！责任全部我来担！"他托付给我这个项目，鼓励我，也帮我收尾，如果没有菅野实老师，我的建筑人生未能走完可能就结束了。在仙台媒体中心的工作现场，为了实现新的建筑，也非常感谢保持着毅然姿态的伊东丰雄先生。如果没有伊东先生很认真地思考，决定将墙壁除去的话，书中第二、三章所关于行为与功能的构想就不会存在。现在在重建部分也多所借力，我认为他是一位很优秀的建筑师。当然在此案现场从有才华又有个性的工作人员身上也学到很多，如横沟真、古林豊彦、松原弘典等。同时也非常感谢优秀的行政人员，以及教导我工作乐趣的奥山惠美子女士（现仙台市长）。因为奥山女士，现在负责灾区重建的人们才能彼此尊敬地进行工作，这些都是与仙台市的优秀工作人员们一起在现场工作的经验成果。

大学毕业后踏入社会还青涩懵懂之时，是因为有耐心指导我的前辈们才得以顺利工作。无微不至地教导策划业务的东北大学设施部的佐佐木纪安系长（当时），细心地指导设计方法论的建筑师郑贤和先生、藤本宣胜先生（已故）、针生承一先生，以及带领我打开眼界与社会联系的北原启司先生，这些前辈耐心地对待一个默默无名的年轻人，以及我从他们身上获得的，至今对于我来说都是宝贵的资产。当然还有研究室的笕和夫老师、松元启俊老师，在我尚未成熟的状况下的各种指导。清水裕之、本杉省三、长泽悟、上野淳、小林秀树等优秀的建筑策划先行者们，在此也对他们表达感谢之意。如果没有这些优秀榜样，我必定早就迷失方向。以研究者的身份来看，守屋秀夫先生（已故）、门内辉行先生、服部岑生、布野修司、古阪秀三等，他们对社会拥有坚固的问题意识及深厚的知性，被这些具有丰富的个人风格的研究者们疼爱照顾也是我很大的荣幸。当然还有从一起合作的槙文彦、山本理显、橘子组、千叶学等许多有才华的建筑师们身上学到很多。特别是山本理显、阿部仁史、矢口秀夫（阿部仁史工作室）、八重樫直人、平田晃久愿意借图片给本书。本书中举例的剧场相关设施，是长期以来担任研究室助教的坂口大洋先生提供了诸多协助。坂口先生今日已成为日本剧场研究者的代表，他年轻时的努力是无法取代的。

在加利福尼亚大学洛杉矶分校担任在外研究员时，Ben Refuerzo 教授及 Rebecca Refuerzo 女士对我非常关照，Ben 虽然不很能干，但他稳定地联系设计与研究的身影，对当时正为两者对立而烦恼的我来说，从他身上所学到的是无法计量的，同时我在这段时期深入研读的英文专业书籍，也对我有很大的帮助。如果没有对世界打开视野，我想我也无法在各个工作现场中如此集中心力，直至今日。

我至今还可以活着，是因为被家人、朋友、大学的工作人员、学生们，及重建业务的合作者们支持着。也非常感谢石田寿一、五十岚太郎、本江正茂等同事，努力得令人惊讶的佃悠助教、岩泽拓海研究员及他的同年代的工作人员。也感谢东北大学灾害研究室复兴团队。若没有大家的帮助，我无法正面迎向工作。我个人认为自己的个性低调朴实，实际上对秘书浅野志保小姐、SSD 的镰田惠子小姐及学生们带来诸多麻烦。并且，托研究室许多优秀毕业生们的福，让我可以明了各种事情。也想深深感谢。TOTO 出版社田中智子小姐和南风舍的平野薰小姐，在迟迟没有进度的缓慢工作状态中，明确地帮我安排日程。同时，中岛英树设计师及工作人员神田宇树先生，除了装订之外，还重制了论文使用的图片使其更漂亮，在此也表示感谢。

这本书的内容以个人经验作为基础资料，因此在作为一本说明策划者专业的书籍来说是偏重的。因为我个人能力的不足，完全遗漏了居住论、设施论、都市论及其他论述。即便如此，还是很希望借此让至今仍被许多人误解的这个专业领域得到多一些解释，若能得以扩展就太好了。

当然，我自身还不成熟，意志力也渐渐难以持续。尽管如此，仍严格鞭策自己，希望可以对社会项目可能性的提高有一点帮助。

最后想对年轻人说，因为不会做设计所以想成为策划者的人们，希望你们可以了解，虽然这项工作是设计的前置作业，但也需要有能够洞悉之后的设计可能性的细心。如果因为不懂设计，破坏了事业中潜在之可能性，这是很重的罪。而拥有尊重他人才能的耐心对这工作来说相当重要。话虽如此，这些是需要在年轻时和具高技术的人们一起经历严格的工作现场经验才能够涵养的特质，因此需要注意。

可以做到以上所述，并抱有希望做出好东西的志向，而非展现自我的人，欢迎你。我想应该蛮有趣的！

小野田泰明
2013 年 7 月